U0904761

公司在下一盘很大的棋
机会留给靠谱的人

奇普・埃斯皮诺加博士 Chip ERspinoza, Ph.D. 彼得・米勒 Peter Miller
柯蒂斯・贝特曼 Curtis Bateman 柯蒂斯・加伯特 Curtis Garbett
著

Millennials @ WORK

The 7 Skills Every Twenty-Something (and Their Manager) Needs to **Overcome Roadblocks** and **Achieve Greatness**

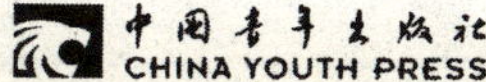

图书在版编目(CIP)数据

公司在下一盘很大的棋，机会留给靠谱的人 /(美)埃斯皮诺加博士等著；殷悦译.
—北京：中国青年出版社，2015.9
书名原文：Millennials@Work: The 7 Skills Every Twenty-Something (and Their Manager) Needs to Overcome Roadblocks and Achieve Greatness
ISBN 978-7-5153-3479-0
Ⅰ.①公… Ⅱ.①埃… ②殷… Ⅲ.①成功心理-通俗读物 Ⅳ.①B848.4-49
中国版本图书馆CIP数据核字（2015）第154362号

公司在下一盘很大的棋，机会留给靠谱的人

作　　者：〔美〕奇普·埃斯皮诺加博士　彼得·米勒
柯蒂斯·贝特曼　柯蒂斯·加伯特
译　　者：殷　悦
责任编辑：杨　迪
美术编辑：李　甦
出　　版：中国青年出版社
发　　行：北京中青文文化传媒有限公司
电　　话：010-65511270/65516873
公司网址：www.cyb.com.cn
购书网址：zqwts.tmall.com　www.diyijie.com
制　　作：中青文制作中心
印　　刷：三河市文通印刷包装有限公司
版　　次：2015年9月第1版
印　　次：2015年9月第1次印刷
开　　本：880×1230　1/32
字　　数：120千字
印　　张：6
京权图字：01-2015-0110
书　　号：ISBN 978-7-5153-3479-0
定　　价：29.80元

目录

CONTENTS

MILLENNIALS
@WORK

不可不读的前言

是时候有人为大家详细解释工作中的种种事宜了。这本书集合了许多人的研究成果、深刻见解以及建议，能够帮助你在工作中力压群雄。毕竟，你们注定要撼动职场。所以，去享受这一过程吧！

给你的承诺

读了这本书，你将拥有成功的事业，并从此过上幸福的生活，也许本周就会被任命为CEO。我们一直期待着你被提名为《时代》杂志年度风云人物呢。

事实上，你可能已经在通往幸福生活的道路上了，这也是本书会吸引你的原因。你对自身期望很高，同时也肩负着那些在你身上热情投资的人的巨大希望。到现在为止，你所生活的环境一直是为了支持你的梦想和追求而设定的。学校、运动、活动以及家庭都充满了为你

使用多年的研究来支持我们的建议，我们希望本书内容能够成为一个帮助你们识别工作中潜在障碍的有力工具，这样当你遇到它们的时候就知道如何应对了。

而存在的粉丝。但是接下来，电影中的一幕出现了，毫无戒心的主人公进入了一个黑暗骇人的小巷。背景音乐一转，你知道某些意想不到的，甚至是恐怖的事情就要发生了。在本书中，这个毫无戒心的主人公就是你。黑暗的小巷是什么呢？它就是职场。

职场与你之前经历的一切都不同。这并不是工作本身的缘故，而是工作中的权力角色可能与你之前生活中遇到的人非常不同。许多新的职场人在工作刚开始都会感受到巨大的文化冲击，这并不夸张。这本书能够承诺给你的，就是帮助你理解成功道路上的挑战，并教会你一些必备的职场技巧，以获得事业上的巨大成功。回到我们刚刚的那个电影场景，这本书就是在以我们的方式对你发出警告："小心！不要走那条路！"使用进行多年的研究来支持我们的建议，我们希望本书内容能够成为帮助你们识别工作中潜在障碍的有力工具，这样当你遇到它们的时候，就知道如何应对了。另外，我们也清楚，对于某些挑战你无能为力，比如说30岁以下年龄段不寻常的高失业率，或者不断上涨的助学贷款利率。但是，当涉及争取工作上的成功，或者要绕开那些黑暗小巷的时候，你还是有很多可以去努力的。

给父母的承诺

如果你的孩子读了这本书，他们所有问题都将迎刃而解，从此过上幸福的生活。至少，他们在工作中会十分出色，也不用住在你的地下室里了。

很多父母能够理解自己为了年轻子女的未来而牺牲时间和资源所带来的挫败感，却依然看到子女在向职场过渡的过程中不断跌倒和挣扎。有时，这种挫败感源自你的孩子本身，而不是他们的经历，但更多的时候，你会因为公司没有看到你在孩子身上看到的优点而愤怒。在这本书中，我们会为你们优秀的子女提供建议，指出人们如何看待他们这一代人（千禧一代或者Y一代）在职场中的角色，为什么这些看法非常重要，以及如何在面临年代差异的挑战时获得成功。

给管理者的承诺

如果千禧一代的员工读了这本书，他们会让整个办公室大跌眼镜，并大大超出你的预期。不仅如此，他们还会改变你的生活。想想吧，当你不再需要为了试图理解他们而去做心理治疗时，会减少多少压力，节省多少开支。哦，对了，你的头发看起来也会更好了（因为你再也不需要每天为了他们的事情愁得揪头发了）。

大多数管理者都希望能够在其从事的行业里获得成功。当需要管理千禧一代时，他们真的想要做好。但是，不同年代的人之间凸显的代沟会使得成功管理千禧一代比给独角兽挤奶还要困难。而这本书的价值则在于，千禧一代的员工在读过并掌握这些技能后，他们会符合你的期待，或许你们还可以共举一杯新鲜的独角兽奶，庆祝你们未来的成功！

障碍

我们已经读过这篇非前言的三分之一，该休息一下了。来一次简单的精神旅行好吗？想象一下，你现在要开始自驾游，正在去往某个美妙的地方，你欣赏着沿途的美丽风景：一切都非常美好，你开大了音乐并开始加速。啊，风吹拂着你的头发，阳光洒在脸上，油箱是满的。突然，不知道哪里“嘭”的一声，（精神休息到此为止。）有路障？！在旅途中？这怎么可能？多久才能绕过它？你现在要去哪里？这不公平？计划不是这样的！

你的工作生涯就类似这样一次旅行，有意想不到的曲折、艰难、起伏，甚至有一些延误，但有我们在这里，帮助你有一个最棒的开始——很可能是最幸福的旅程。当你继续往下阅读时，要小心这些狡猾的路障。而我们会为你导航，绕过它们，给你提供一张通往全面成功的超级地图！

研究

这本书之所以与众不同，是因为它建立在两项深入研究之上。第一项研究关注的是管理者们对工作中千禧一代的看法，研究成果在《管理千禧一代：挖掘管理当今劳动力的核心竞争力》一书中发表。管理者们对于这项研究的强烈反响，令我们非常震惊，几乎全世界的管理者们都在“点头”惊呼：“是的！我在工作中就遇到过这种情况。”因此，许多领导认为《管理千禧一代》是一个能够真正解决招聘、留住并发展年轻员工问题的解决方案。我们也因此培训了数以千计来自《财富》100强以及世界其他企业的管理人员。但是，你或许会想，这些对你有什么用呢？我们接下来会解释给你听。

你熟悉星际迷航中的斯波克船长吧？他采用了一种叫作“心灵融合”的方法；这是一种两个个体之间的心灵感应连接。这种连接是想法与观点的自由交流，它可以使得两个单独个体最终在思想上达成一致。无论斯波克船长什么时候需要信息，他只需要用这种方法即可。其实，我们也想帮助你们进行心灵融合。

我们并不建议你在下一次约会的时候使用这种方法，然而，当你同管理人员和领导在一起的时候是可以采用这种方法的，从而更好地了解他们如何看待工作中的你们这一代人。我们可以让你进入管理者们的观念中，这些观念是我们在为这本书做调研的时候得到的。当然，我们知道，对千禧一代的员工以一概全是不公平的，但不幸的是，上司的想法未必如此，多数情况下都没有这么现实。管理者的观念经常会导致他们种种行为，久而久之就成了你的障碍。不幸的是，这些障碍就挡在你的成功之路上。

第二类研究叫作“千禧一代的整合：千禧一代在工作中面临的挑

战以及他们会如何面对”，主要研究新人进入职场后面对的挑战（或者说障碍）。我们的研究数据来自世界各地的职场新人。我们会问：“你在工作中遇到的最大挑战是什么？”在接下来的章节中，你将会从众多千禧一代的同龄人那里获得很多建议，大多与工作中的期待以及如何克服障碍的事情有关。如果你已经进入职场一段时间，你将能够了解这些研究参与者们提到的各种挑战，并且发现，我们所提出的七种技能实用，可参照，并且有效。

在研究千禧一代在工作中遇到的具体挑战时，我们的确担心研究样本在各种产业和组织中缺乏更广泛的代表性。很明显，不同企业的工作文化不同（有时这种差异会非常大），如果我们的研究样本只能代表有限的公司和员工的话，那么研究成果的全球性也会受限。为了解决这一担忧，我们用网络调研的形式邀请更多的千禧一代加入进来。我们邀请了成百上千的千禧一代职场人，回答我们向之前的参与者所提出的同样的问题。

我们注意到，新增的参与者们的平均工作年限是5.5年。通过分析来自工作经验更为丰富的群体数据，我们发现，他们和第一批千禧一代对问题的反馈没有太大的不同（我们把2010年之前进入职场的定义为第一批千禧一代）。因为这些被调研者们已经工作很长时间了，所以我们询问了他们是如何克服与工作相关的诸多挑战的。

研究产生了一些非同寻常的结果，由此便形成了一系列非常令人激动的发现，这些发现非常明确地指出了千禧一代在当今工作中遇到

研究产生了一些非同寻常的见解，由此便形成了一系列非常令人激动的发现，这些发现非常明确地指出了千禧一代在当今工作中遇到的最为普遍的，也是最具全球性的障碍。

的最为普遍的，也是最具全球性的障碍。第二轮调查之后我们发现：即使工作时间上存在差异，但是第一批和第二批千禧一代遇到的挑战是相同的，这就意味着管理者和组织确实不能够很快适应不断出现的新员工。由此可以证明，我们有更大的动力将这些适应技巧方法付诸实践。

调整与转变

我们最现实的目的是致力于成功帮助管理者们与年轻员工非常融洽地在一起工作。当我们培训管理者和千禧一代时，我们发现他们都非常迫切地想要开始讨论对方需要做出的适应和改变。我们对管理者们的回答是，责任最大的人也是需要首先进行适应的人。与此同时，当千禧一代融入工作环境中时，他们注定也要进行调整。我们深信，管理层如果想要体验成功，必须进行转变和调整。

有趣的是，管理者的观念与年轻员工遇到的障碍往往是契合的。从研究人员的角度看，这非常令人激动，但如果从你的角度来看，就没有那么令人兴奋了。作为一个千禧人，你只得到一个双面煎的荷包蛋，没有黄油，也没有松脆的吐司作伴。当管理者的想法与你遇到的障碍两种力量结合在一起时，你需要全副武装才能够对付它们。如果你披挂上阵，这些障碍便再也不会阻碍你实现对工作的期待。

最后，仅仅指出这些障碍并不是我们初衷。我们的目的是：通过向你解释为什么适应这些障碍如此重要，你需要适应哪些地方以及如何去适应等问题，帮助你克服这些路障。在七个介绍技能的章节中，（第三章至第九章），我们会向你展示通过研究得到证实的障碍，与它相关的管理层期待，以及一些方便的技巧，帮助你解决每个困难。这些技巧在实践中能够使你摆脱一切束缚，完全掌控你的职业生涯。

如果你认为
职场跟校园
一样，你会
大吃一惊的

MILLENNIALS @WORK

第一章

千禧一代需要认识自己

如果网络游戏已经让你相信统治世界的日子即将到来，那么下面这一小小的事实会令你更开心：到2025年，你们这一代人将成为职场的主力军。我们不是在开玩笑，千禧一代将统治这个世界。在工作中，无论是政坛还是商界，你们这一代人将成为未来世界的领导者，然而，只有那些能够快速良好地适应职场的人才能跻身其列。你会成为这样的人吗？

你们的时代来了

欢迎加入商业和工作的游戏。你们是前所未有的新一代，与其他时代的人相比，你们更加多样化，受教育程度更高。因为得益于网络，你们也是无须权威人士的授权就可以获得便捷信息的第一代。因此，你们会形成独一无二的高级工作群体。你们也同样是第一批由互联网、电子邮件、社交媒体以及内心纯粹对于联系的渴望所联结起来的全球化一代。事实上，你们之中有75%的人至少有一个社交网站的在线身份；而X一代的比例是50%，婴儿潮一代只有30%，不得不说，这是一个巨大的进步。

据2009年的人口统计学分析得出：美国的千禧一代人口中，白色人种占人口比重最大，约为61%；19%是拉丁裔美国人，14%是黑色人种，5%是亚洲人，其余的是其他的人种。这一代在人种上和民族上比上一代更加多样化，超过了20世纪70年代的人。数据显示，千禧一代没有那么强的宗教信仰（但这不意味着他们没有精神生活）。他们没有上一代人愿意参军，而且是迄今为止受教育程度最高的一代。

上一代人习惯于传统的周一到周五工作日，而你们这一代人不同，你们以一种与历史上任何时期都完全不同的方式去工作和学习。能够激励你们工作的事情已经改变了，并且你们对工作的期望已经与你们的父辈与祖父辈大相径庭。

相比上几代人，千禧一代进入职场的年龄较大。你的祖父辈常常会谈及他们在当地杂货店的第一份工作，十三四岁时就打卡上班。婴儿潮一代和X一代的人们也同样在十几岁时就开始工作了；然而，千禧一代和下一代人在20岁左右或者大学毕业之前通常都不会去工作。现如今，16~24岁的年轻人中只有47%在工作，这是自1948年劳工统计局开始记录工作领域数据以来最小的比例。2011年，18~29岁的年轻人中，有37%的人待业在家。你们这一代人的失业率高达40%以上，至少是先前一代的三倍。尽管21世纪的经济衰退和经济危机毫无疑问对于这一数字造成了重大影响，但是这同样与千禧新一代在就业和定居上的犹豫不决也有关系。如果从你们在生活和工作的期待上看，巨大的就业年龄差距与你们对工作和生活的期待有关。你期望的更多，甚至偶尔要求的也更多。但现实情况是，你的老板有时并不打算习惯这些情况。

过去，人们主要为了生计和舒适而工作：有白色栅栏的房子、美国梦，或者是为了子孙后代的生活，准备一笔丰厚的储备金。他们的目的主要集中在家庭上，希望为家人提供舒适的生活。反观千禧一代，你们结婚并组成家庭的年龄也更晚。你们这一代中，75%的人现在依旧单身。人口统计学家和学者们已经指出，在这些单身的人眼中，也许有其他的生活目标，比老一辈的家庭观念更为重要。

要知道，你们的生活和经历很少能够“一概而论”，你们中大多数人很自然、很简单地就变得与众不同了。你们这一代的动力并不是那些最基础的生活需求，而是想要做出某些事、成为某种人、创造某样东西、在改变世界中收获一些满足和成就感等更深层次的愿望。社会允许你们将注意力转移到自己身上，而且周围的成年人一直都是这样培养你们的。在与千禧一代共事的过程中，我们已经看到了你们对工作的一些共同期望和观点。请看下面这些数字：

工作中的千禧一代

10个人中有7个认为他们在工作中需要有私人时间

3/5的人认为自己会在5年内跳槽

只有1/4的人认为他们对现在的工作完全满意

4/5的人认为他们值得拥有更多的认可

9/10的人认为他们值得拥有想要的工作

世界属于你们

即使婴儿潮一代会延迟退休，但是到2015年千禧一代仍然会占据至少半数以上的劳动力，2030年这一数字将超过75%。国际会计公司普华永道对其内部员工进行了统计，并预测，到2016年，80%员工会由千禧一代构成。仅从数字上看，你们将对商界产生不可否认的影响。根据美国人口统计局的数据，在美国乃至全世界范围内，千禧一代已经成为人口数目最大的一代，约有23亿之多。

然而，这一接管还是有代价的。千禧一代比他们的前辈们更喜欢跳槽。一些研究表明，千禧一代的人才流失率几乎是他们前一代的2倍之高。从经济角度看来，这代表着什么呢？对于一个1000人的公司来说，平均每年用来替补千禧一代员工的成本，除了常规开销外，高达30万美元。对于那些更大的公司来说，这一费用飙升至每年需要几百万美元。除非公司学会如何与千禧一代一起工作，并且提高他们对公司的忠诚度，否则这一费用依旧会飞速增长。假设以同样的速度发展，对于1000人的公司来说，由于过高人才流失率而引起的替补千禧一代的费用将如后页图所示：

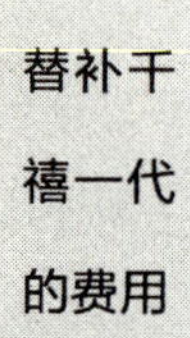

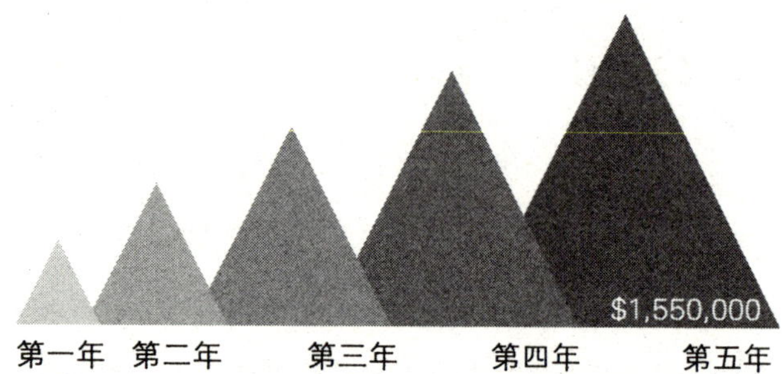

全球化的第一代

你们被称作“当今最重要的群体：上千万的数字精英们，是全球新兴年轻文化的先锋”。你知道原因吗？人口统计学家和研究者们并不是唯一注意你们的人。全球的商人都在改变他们以往的工作方式，去迎合你们这一代的需求，希望能够有所回报——真是难得的时机。他们认为，世界各地的千禧一代比以往任何一代人都更加具有共性。在广告营销上，这一认识也有一些事半功倍的效果。

在《商业周刊》的一篇文章《网络的孩子》中，作者史蒂文·汉姆对于千禧一代的数字原住民有如下评论：

> 由于智能手机、博客、即时通讯、Flickr、Myspace、Skype、YouTube、用户推荐和美味书签的推广和普及，分散在各地的年轻人们都可以及时获取那些发生在其他人身上的事情。在这一极有影响力的群体中，有许多人也比较富有，他们正在跨国界分享着自己的观点和信息，同时也促使着消费性电子产品、娱乐、

汽车、食品和时尚的不断发展。让我们试着把这个群体想象成一个虚拟的大熔炉。当这个年轻和有网络天赋的群体增长到数以千万时，这个"熔炉"就会完全沸腾。

营销者们同样清楚，数量不断增长的你们这一代人会带来不断增长的收益。但是他们必须将原来以美国为中心的营销手段调整为面向全球千禧一代的市场战略。

例如，一个日本的公司很快进行了调整。桃哈多（Tohato）是一家日本腌制零食制造商，开发出了一种为年轻消费者介绍新产品的模式，同时也为他们提供免费游戏。他们推出了一个叫作"世界最糟糕战争"的在线游戏，来促进两个松脆系列新口味的销售。这个互动游戏允许消费者选择购买以交战双方命名的口味，可以通过用智能手机扫描条形码，加入相应的军队，参与两种口味之间的战争。由于桃哈多针对年轻人的适应性营销，游戏玩家和零食消费者成为一个共同的消费主体，两个市场，齐头并进。这是多么聪明的营销方法啊！

还有谁知道千禧一代把握着一个公司未来成功的秘诀呢？雇主们。有许多公司正在从全球的青年人群中招募新的人才，他们广泛使用社交网络，寻找他们需要的专业型人才。

哈姆写了一个这样的例子：

Ning是一家位于硅谷的创业公司，公司27个员工分别来自10个不同的国家。这个公司一直用博客和其他社交平台来寻找最合格的候选人。公司为他们的消费者提供免费的软件，让他

老一辈们与你们沟通和共事的能力伴随着努力和实践，反之亦然，并且这些努力通常情况下不会一帆风顺。

们去建立自己的社交网站，正是通过他们自己的软件，Ning招募到了法布雷西奥·佐蒂，而他住在遥远的巴西圣卡洛斯地区。

佐蒂使用Ning公司的软件建立了一个社交网站，将喜欢音乐的人连接起来，但是并不知道自己的工作已经被Ning的招聘者注意到了。Ning的工程师们喜欢佐蒂的网站，并且和他在网上进行了交谈。一天，佐蒂非常惊喜地在邮箱里发现了一封来自Ning的合作创始人马克·安德瑞森的工作邀请。

在世界历史上，这样的招聘是从来没有的。让我们好好思考一下这件事吧。从未有过这样的招聘。那么，为什么你们这一代的职场地位会如此独特而不同呢？因为你活在这样一个时代，以前的限制、障碍以及世界范围内的交流和增长阻碍，都被技术消除了，这是很神奇的。“对于世界上的所有人，美国梦现在更容易实现了。”法布雷西奥·佐蒂说。确实更容易了，朋友们。

前无古人的一代

原因1：你是独一无二的，因为——你的父母曾和你们一起玩儿

在我们的第一本书《管理千禧一代》中，指导我们研究和建议的经验已经属于老一辈了。上一代生长在一个不同的世界，对权威有着截然

当他们进入职场后，他们期望获得与在家里/学校里以及运动场上所享有的同等关切。他们需要有助于其职业发展并且支持他们的管理者。

不同的态度。所以当千禧一代进入职场后，会出现一些明显的冲突。老一辈与你们沟通和共事的能力伴随着努力和实践；反之亦然。并且通常情况下这些努力不会一帆风顺。在“先是他们，然后是你”的章节中，我们探讨了他们是如何慢慢学着与你们一起工作的。一部分原因是他们开始理解，在你的世界里成长和在他们那个世界里成长是完全不同的。（接下来会讲更多关于转变认知的事情）

在这篇给管理者们的章节里我们写道：

> 千禧一代（多为1980年以后出生的年轻人）习惯得到太多正面的关注，也很热衷于这种关注。他们不仅喜欢，同时也很期待这种关注。进入职场后，他们期望获得与在家里、学校里以及运动场上享有的同等关切。他们需要有助于其职业发展并且支持他们的管理者。
>
> 对于千禧一代预先期望积极关注的解释，是教育模式的微妙转变。我们认为，教育模式已经开始从训练型向培养型转变。这并不是说他们的父母（大多出生于生育高峰期的人）不重视训练了，只是他们更加重视培养。

当你们的父母都忙于照顾你们的哥哥姐姐时，关于变革育儿方式的声音从本杰明·斯波克博士那里传来。他打破常规，针对养育小孩提出了完全不同的方法。与大众的观点不同，他认为应该父母抱着孩子，而不是让他“哭出来”。此前，传统的习俗一直体现出，养孩子要多注重立规矩，而不是表现慈爱。他认为，对小孩慈爱的表现，并不会如许多人认为的那样会导致孩子任性，反而会让下一代产生更多的幸福感与安全感。斯波克博士也是第一个为了解儿童的需要学习心理学的儿科医生。他的育儿理念颇具影响力，影响着此后的几代父母，此后的父母育儿方式都开始变得更为灵活、充满慈爱。

斯波克博士鼓励家长们，将孩子看作独立个体和与众不同的人，避免“一刀切”的教育模式。但是斯波克博士最具突破性的理念是：教育子女可以是，也应该是有趣的。他建议父母真正地喜爱他们的孩子。而且在大多数情况下，你的父母们确实也是这样做的。他们爱你，鼓励你，会用很多时间参与你们的活动，分享你们的兴趣，为你们加油，激励你们去实践，并且庆祝你们的胜利。

我们建议管理者考虑到年轻员工成长时经历的这种巨大的差异。所有这些有关培养孩子的背景信息看似无关紧要，但我可以向你保证，绝不是这样。要想在工作时拥有积极的工作关系，年长的管理者需要清楚千禧一代是如何一直充当主要角色的，以及这种培养模式是怎样影响千禧一代寻求积极关注和肯定的。同样，千禧一代也需要清楚长辈们所经历的权威角色。

随着科技和互联网的发展，当提到查询信息，做出决定，形成自己的观点时，你和权威的关系较之上一代人就不一样了。

原因2：你很特别，因为——你很聪明

千禧一代正在以创纪录的比例进入大学。越来越多的本科毕业生在攻读研究生。你们同龄中的很多人把受教育看成为社会做出贡献的一种方式，而不只是一份赚取更高薪水的筹码。接受教育现在确实变得越来越容易，但这并不是唯一的原因。当今时代，教育变得比几十年前更加“现代”和进步，每时每刻都会有所发现和突破，而你，也想成为其中的一部分。

与你们的哥哥姐姐和父母不同，与我们和我们的父辈也不同，你在很小的年纪就学会了领导力、同侪咨询能力以及解决问题和自理能力。在前几代学生去技工学校上学的年龄，你便可以自由选择学习生活技能还是努力进入领导层。随着科技和互联网的发展，当提到查询信息、做出决定、形成自己的观点时，你和权威的关系较之上一代人就不一样了。在你的生活中，这些教育的发展和成长机会带来的结果又是什么呢？数以百万计的、聪明的千禧一代，时刻准备着统治世界，但是他们缺乏的是做这件事的必要技能。（不要畏惧！我们才刚刚入门，关键技能还在后面，继续读下去！）

原因3：你很特别，因为——你说.com，这是IT语言

如果有一个（或唯一一个）原因可以让你从在这颗星球上工作的无数人中脱颖而出，那一定是你天生的技术能力。你叮叮咚咚鼓捣出来的玩意儿总能让我们觉得不可思议。老实讲，你还带点自豪感。当谈到理解和使用科技时，千禧一代总有一种优越感。当然，你也确实有理由如此。看吧，我们承认了。有时，我们无法尽快了解如何升级“照片分享”（慢得好像原始人），超音速发展的社交网络技能滚滚而来，不给我们喘息的机会。（咳嗽……喘息……快给我氧气罐。）

使用和了解科技是人类与生俱来的能力，也最终让你从工作中脱颖而出。至少，我们对你们的调查显示，你们的确相信这一点。这就是为什么一些研究者将你们命名为“数字原住民”，确实对科技语言及功能有天然的亲近。剩下的我们，还在学习使用和理解这种伴随着你们成长的语言！

这些科技上的进步并不在我们的经历或词汇里。事实上，最近，一位属于X一代的女士告诉我们，她上高中时，打字是一门必修课。那是什么？你还没听说过打字课吗？它是一堂使用非数码打字机的打字课。你能相信那就发生在你上高中之前的几年吗？

原因4：你很特别，因为——就像那首歌一样，世界在你手中

千禧一代十分了解联结（我们不是说你和你的iPhone之间的联结）。

这是一个很宽泛的概念，也许世界没有那么大。你可能看见过（或许在你的车上就有）一些车帖上写着“挚爱”“希望世界和平”，或者是禅宗般的“和平共存”邀请。这些心态和想法是你们这一代才共有的！在其他几代中孤立的观念在你们这一代正变得全球化。

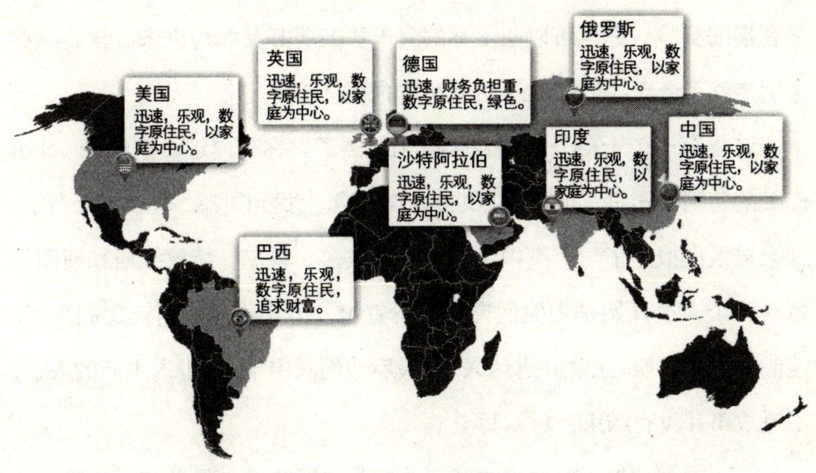

在你出生之前的几年，世界上的一些社会文化界限如有形的边界一样，分隔开不同国家和民族。国际贸易被限制，不同国家和文化之间彼此怀疑。关于国外的土地和人民的信息十分匮乏，有时会基于恐惧和政治误解产生偏见。

那时，人们的视野很少延伸到国外，更不用说能够头脑风暴出为非洲村落引进洁净水的主意，或是为危地马拉的孤儿建立学校。那个时候，年轻人常常是伴着肉和马铃薯、苹果派、棒球，安迪·格里菲斯的演出以及用户至上的主义成长的。披头士是个例外，但是如果它不在美国生产创作、安家、演唱、编写、制作，甚至如果它不在美国卖的话，那它对美国人而言几乎是不存在的。

如果把你个人的世界观与你之前的几代人相比较，你可能会列出一百种差别。事实上，如果你有一个小时可以自由支配，就可以做这个很有趣的实验。你也可以叫上你的父母和亲朋好友参与进来。正是这些区别造就了今天我们所处的完全不同的商业环境。

这里有一个千禧一代商业全球化的例子。你听说过一家叫Krochet Kids的跨国公司吗？他们从当地的一家报纸上找到灵感，取了这个名字，这家报纸也报道了三个高中生学编织的故事。科尔、特拉维斯和斯图尔特这三个人最开始是为他们自己编滑雪帽，但是不断有朋友定制帽子，他们开始做生意，生意并迅速兴旺。最后他们高中毕业，进入不同的大学，不过故事并没有结束，科尔写道：

> 暑假的时候，我们在不同的发展中国家做志愿服务，希望可以对我们居住的地球村有更好的了解。很快我们便意识到，我们的成长是多么幸福。随后那些帮助他人，传播爱，做出贡献的愿望便在我们心中深深根植。
>
> 也就在那时候，一个想法诞生了，涉及我们都很熟悉的事情，亲戚朋友们都鼓励我们教发展中国家的人民如何编织，并以此作为打破贫穷怪圈的途径。起初我以为，这个世界需要比编织更深刻而剧烈的改变，但自从斯图尔特在乌干达度过了一个暑

假后回到家，我的想法就变了。

鉴于他的朋友在百孔疮痍的乌干达看到的政府集中营和反政府武装的所作所为，科尔认定，像是编织这样的小事也可以改变世界，他继续写道：

> 用钩针和线绳，人们就可以编制出精美的工艺品，赚得一份较为公正的工资，第一次，他们可以养家糊口和为未来打算。通过教人们编织，我们可以让他们脱离贫困。我们立即决定要做这件事。

这家建于2008年1月的草根非营利组织，现在已经在乌干达和秘鲁雇用了超过150名员工，并预计在未来帮助世界上其他贫困的地方。千禧一代的这种商业视角为地球另一端的人们提供了一个稳定的就业和进步的循环模式。

因为你们思考和行动越来越全球化，尤其是在谈到商业、政治、社会媒体时，已经为一个越来越相互联系的世界奠定了基础。这些事情在你们的父辈身上可能发生吗？商业在今天以完全不同的模式进行，同时也出于完全不同的目的。这正是千禧一代对社会意识的一种理解，也是这一代人的核心价值观。

由于你们的思考和行动都更加全球化，尤其是在商业、政治和社交领域，你们已经开始着手建立一个联结更紧密的世界。你们对于全球努力重要性的理解早已超越前几代人，希望与世界联结，想要做出贡献。但是与在你之前生活在这个星球上的数百万人不同，你现在获得了做这

> 虽然我们知道，不能用“一刀切”的方法来定义某一类人，对待所有的偏见都是如此，但是你确实应该尝试去理解并且正视这些看法。

件事的技术。

现在，理解下个部分可能有一些困难，但最重要的是，你必须重视我们接下来要告诉你的内容。在谈论了你们这一代的独特之处后，我们一定会介绍其他人是如何看待和解释这些差异的。

价值观反成障碍

在研究如何管理千禧一代时，我们采访了不同的管理层，并且开始听到很多相似的故事，大多是有关他们与千禧一代员工共事时所遇到的挑战。他们谈论最多的现象最终形成了对千禧一代的看法。虽然我们知道，不能用“一刀切”的方法来定义某一类人，对待所有的偏见都是如此，但是你确实应该尝试去理解并且正视这些看法。

从年龄来看，千禧一代是很容易辨别的群体，因此你很容易就被刻板印象所影响。往往是当有关某一群体的消极印象与其在执行具体任务的表现相联系时，人们才能体会到刻板印象的威胁。例如，走在公司大厅，你可能会听到这样的话：“她太年轻了，完全处理不了沃尔玛的账目。”处于易受质疑群体中的个人更容易感受到成见的威胁。但是一旦你了解了成见，它将会给你带来更多的机会，证明那些人是错的。

我们认为，管理者和老员工们的看法通常缘于误解了千禧一代的追求和价值观。在下表中，我们将会详细讨论你们这一代的核心价值观，以及与你们共事的管理者对你们的普遍看法。

千禧一代的价值观	管理层怎么看
融合工作与生活	**自做主张**

千禧一代在他们想做什么的时候就表达出做这事的愿望，制定自己想要的时间表，丝毫不考虑被管理的问题。他们认为只要他们完成了工作，便可以不遵守办公程序。

需要回报	**自以为是**

千禧一代表达出他们应当被肯定和奖励。他们想快速向上爬，但是总不按照规矩办事 。他们也想要对他们表现的肯定，而不仅仅是给他们表现的机会。

自我表达	**不切实际**

千禧一代以丰富的想象力著称，总是在各种情况下可以提出新颖的观点和独特的视角，但在参与到一个指定的体制化的进程中时，他们的想象力十分容易成为干扰。

渴望关注	**自恋自私**

千禧一代被认为会先考虑他们是如何被对待而不是他们如何对待别人。任务被看成是结束的一种方式。千禧一代常常会将自己个人对信任、鼓励、表扬的需求先入为主。

成就	**戒备心强**

在面对评论组评估时千禧一代常常经历愤怒、监管、挑衅和怨恨，以及推脱责任，他们希望在他们做得很好时得到肯定，而不是当他们做得不好时遭到批评。

千禧一代的价值观	管理层怎么看
随性自由	**生硬粗鲁**

也许是因为科技的原因，千禧一代的交流方式被看作草率的、无礼的。他们被认为不懂“礼貌”。例如说“请”“谢谢”或是知道什么时候合适来展现自己的社交风度。不知是否有意为之，这种举止被认为是失敬或是越权的。

简单处事	**目光短浅**

千禧一代常常在因果关系上争执不休，这种争执被看成是目光短浅的，只考虑个人兴趣的，而没有考虑到其他人或组织会受到怎样的影响。

一心多用	**不够专注**

千禧一代，作为一群人，以智育的能力为人所知，但是常常被认为是缺乏对细节的关注或对一项任务的投入。他们对自己不感兴趣的任务很难投入。

人生意义	**漠不关心**

千禧一代常常被看作冷漠的，缺乏兴趣的，或是不愿承诺的。涉及任务与责任时，这是一个十分严重的问题。千禧一代没有感觉受到关注，因为他们在寻找他们所做的这份工作的意义，像归档及数据录入的工作因此显得十分浅显。

是时候要在出世和入世之间做出选择了。你会发现自己和出世人群充满共同点，想要停留在自己幸福的世界中，让别人去适应他们；或者你可以选择成为生存的适者，因为可以从工作中学到东西。如果你能继续读下去，说明你想要做出必要的改变，去克服在你和同事之间由于年龄产生的障碍。现在就让自己整装待发，一起去看看智慧的话语吧。

成功之路障碍重重

无论年龄大小，我们都不会觉得遇到路障是一件愉快的事。它们挡在路上，影响我们前进的速度，阻碍我们到达目的地。它们检验我们的技能，同时也总是考验着我们的耐心。但是，明确自己的期待及需要做的事情，则能够使你少走弯路。因此，无论公平与否，你都要面对管理者们和领导们对年轻雇员的种种看法，理解这一点非常重要。虽然通过观察得来的不一定是真实的，但是这些能够起作用的看法确实代表了一部分现实。

在写这本书之前，我们提到过一项研究，“千禧一代的整合：千禧一代在工作中面临的挑战以及他们会如何面对”。研究包括一对一的采访，重点小组研究，以及一些大规模的集体介入，来自全世界大约750名千禧一代的全职员工参与其中，其中大部分是大学毕业生。

参与者需要回答三个问题：

1. 身为年轻的职场人，你在工作中遇到的最大的挑战是什么？

2. 身为年轻的职场人，你觉得你在工作中具有哪些优势？

3. 参与者被要求对如下陈述进行反馈：“进入职场，千禧一代是最受保护的，结构最完整的，同时也是得到回报最多的一代。”

让我们来简要解释一下第三个问题。双筒枪问题在科研实践中本就已经很不常见，更不用说三筒枪问题了！但是在这次调查中，我们试着去发现，参与者们是否会对这个问题表现出满意或者不满意，或者是简但是，明确自己的期待及需要做的事情，则能够使你少走弯路。因此，无论公平与否，你都要面对管理者们和领导们对年轻雇员的种种看法，理解这一点非常重要。

单的不满。有意思的是，所有的参与者中只有四个人对整个陈述表现出不满。他们的回答都很有特点，“这个描述符合我的朋友们，但是不太符合我”。千禧一代最不认同的是：“他们是最受保护的一代”。

我们列举出了千禧一代在工作中遇到的最常见的障碍，以及他们想从他们的工作经验中得到什么。

尽管这些障碍非常明确，但是为了增加清晰的阅读体验，我们还是要更清楚地说明。（想来点薯条边吃边看吗？）

千禧一代的需求	**职场障碍**
更多的机会	缺乏经验
得到重视	不受重视
被接受	得不到尊重
工作有回报	被认为自以为是

千禧一代的需求	职场障碍
快速升职	缺乏耐心
了解他们做得怎么样	得到有用的反馈
了解别人对他们的期待	理解期待
与老员工有良好的关系	与老员工缺乏沟通
对工作怎样做有发言权	刻板的程序
被认可	证明个人价值
知道怎样做	理解公司文化

缺乏经验　千禧一代非常清楚他们缺乏工作经验。他们也知道这些限制了他们获得成功。

不受重视　千禧一代把他们自己看成是问题的解决者和革新者，但是当他们的想法不被采用或者是被忽略的时候，他们就会感觉非常沮丧。

得不到尊重　由于他们的年纪，他们经常被区别对待。他们说因为年轻，感觉不能融入工作环境，也被迫认为自己不能胜任重要的工作岗位。

被认为自以为是　老员工认为，千禧一代想要或者期待着升职、加薪，并且不努力就想得到他人的认可，也从不注意其他人是如何努力工作才升职的。

缺乏耐心 千禧一代对于他们事业的发展寄予了很大的期望，但当他们感觉自己的进步很慢的时候，却很难耐下心来。

得到有用的反馈 当千禧一代在工作中没有得到反馈，或者反馈地不合时宜或者不清楚的时候，他们便会很沮丧。同时，经理们可能只想给积极的反馈，因为如果反馈很消极，千禧一代就会变得非常狂躁。

理解期待 千禧一代经常感到迷惑，他们不清楚自己的期望是什么。他们可能不清楚要如何掌控他们合适的想法、期待，以及脱离正轨的组织。

与老员工缺乏沟通 由于沟通的方式因年代而不同，千禧一代在与老员工的沟通方面经常犯难。

刻板的程序 千禧一代更注重结果而不是过程。他们认为过于强调过程是快速、整齐、高效工作的限制因素。

证明个人价值 千禧一代就像冲锋的运动员，想要在一天之内就做出杰出的贡献。他们的想法和技术都非常新奇。他们想要向领导证明自己的价值。他们努力思考这个问题："当机会来了，我该如何表现得非常自信呢？"

理解公司文化 对于千禧一代来说，意向独特的挑战就是他们不清楚在工作中怎样表现才是合适的（如交流方式、着装规范、社交技巧、习惯规则等），他们非常不确定什么时候要表现得正式，而什么时候要表现得不正式。

现在让我们把这个表与31页的表格结合。在下面的表格里，我们将把管理层的认知与上述职场障碍进行比较：

管理层对千禧一代的看法	千禧一代遇到的困难
自作主张	刻板的程序
自以为是	被认为自以为是
不切实际	渴望证明个人价值
自恋自私	得不到尊重，不受重视
戒备心强	得不到有用的反馈
生硬粗鲁	与老员工沟通不当 不理解公司文化
目光短浅	缺乏经验
不够专注	不了解期待
漠不关心	缺乏耐心

自我意识激增

情绪能力方面的专家表示，一个人越有自知之明，就越能够控制好自己的行为。在我们的研究过程中，我们对千禧一代表现出的自我意识感到惊讶。这就是本书令人激动的地方。大多数情况下，我们没必要去说服你去相信你正在经历的事情！你已经知道了！

对于千禧一代能够对工作中遇到的挑战主动承担责任，我们仍然感到很惊讶。很显然他们很清楚自己缺乏经验，但同时他们也知道自己的不耐心会影响别人对他们的看法，这一点留给我们很深的印象。虽然我们都明白千禧一代很容易感到厌倦，不断需要新的挑战，但是我们先前并不了解，他们已经知道别人认为他们没有耐心，不切实际。千禧一代对他们的沟通方式非常清楚；他们知道用这种方式与年长的同事建立关系时，会存在很多问题。但即便如此，他们也真诚地渴望与上司们建立良好的关系。

本章回顾

· · ·

你已经了解了你们这一代之所以与众不同的一些原因，也即将能够理解和解释其他年代人的特点。针对这些信息，你能够做的就是好好利用，并在你们大规模进入职场时让它们成为你们的优势。由于将你们这代人区分开来的这些特点，比如成功的欲望，追寻工作的意义，只有千禧一代才具备的新颖独特的见解，等等，你们将完成生命中一系列出色的事情，这一点我们毫不怀疑。

在你继续往下读的时候，请多留心工作中正等着你的诸多障碍，这样你将能够保持在学习曲线的顶端。要知道，你所持有并重视的工作价值观或许被你年长的上司误解了，但是在接下来的篇章中，我们将教给你们七个可以培养的技能，来应对和克服这些普遍的误解。作为独立的一代人，你们已经具备了高度的自我意识以及做好事的迫切愿望，我们已经迫不及待地想要看看你们的行动了！

对于成见：
战略上藐视，
战术上重视

MILLENNIALS @WORK

第二章

了解职场中的其他人

他们在工作、穿着、说话和发短信的方式上与你们都不一样。那么究竟为什么他们要像你们一样思考问题呢？当你开始理解不同时代中人们的成长环境与经历的诸多差异，并真正付出关心，便会逐渐理解工作中的事情了。你不仅会发现，老员工的态度似乎不那么伤人了，甚至还会发现，他们其实很愿意去理解你们。但是如果你认为只有他们有偏见，那么你就要重新考虑一下了，因为你也有一些需要在工作中克服的成见。

综观世界历史，每一代人都会遇到独特的挑战，具有独特的技能和强项、经历与见解。这些年代因素在我们做的事情和关注的事情中发挥着巨大的作用。过去短短10年世界发生了种种变化，科技在这么短的时间内进步神速。当你考虑到每一代人成长环境的差异（以及由此产生的在关注点和价值观方面的不同时），就会更好地理解我们之间产生的差异。更重要的是，你会看清楚这些差异在工作中是如何体现的。

第一、第二和第三感知视角

感知是人际交流和关系中一个经常被忽视的元素。当你和父母朋友有分歧的时候，很可能体会到这一点。作为个体，你对事情的看法是独一无二的，并且深受到你之前的经历、信仰或者个人背景的影响。在你的工作和私生活中，从非个人的角度去分析事件、结果或情况是非常有用的，尤其当你试着去从新的角度看问题时。我们将向你介绍三种不同的感知角度，解释为什么从这三个角度观察某一情况（或者更具体来说，某一代人）能够帮助你进步、理解，并为自己创造新的机会。相反，如果做不到从这三个角度出发，就会妨碍你的进步和理解，并限制你做出改变的能力。

显然，我们对第一种感知视角习以为常：通过我们自己的眼睛、耳朵和情感去看、去听、去感受。你对这些事情的反应和理解集中在你所重视的以及想要获得的事情上。

第二种感知视角则需要你去“换位思考”。你可能之前听过这句话：要想真正了解别人来自哪里，你必须经历他们所经历过的一切。这包括看、听以及感受，就像你就是那个人一样。如果你习惯了穿跑步鞋，那么穿着露趾凉鞋走在茂盛草地上便会带来不同的感受。你需要思考其他人在同样的情况下会如何理解，而不是仅根据自己所看到的做出反应。

第三种感知视角来自旁观者，即可以从情感上完全脱离某一情形或者事件的人。这种感知有时会很让人不舒服，因为它需要对我们自己的行为和态度持完全客观的观点。当你从旁观者的角度观察某一情况时，你就是在从第三者的角度思考。他们会给出什么样的建议？根据他们所见会形成怎样的见解？当你具备了客观看待自己的能力，便会开始寻找能够让你做出不同反应的机会，这常常会带来更为积极和平衡的结果。

有时，仅仅从某一个固定视角去生活并观察这个世界，会使我们陷入僵局。我们可能无法拓宽视野，也会屏蔽其他的感知视角。只以第一种视角生活的人把注意力都放在自己的需求上，很少不考虑别人的需求和感受。主要以第二种视角生活的人会为了迎合别人的需求和愿望而牺牲自我。而被困在第三种视角的人往往可能成为一个冷漠淡然的、不偏不倚的生活观察者，总是习惯从外部往里看，却很少从里往外看。所有这三种感知视角对生活都同样重要。日常生活中，能够在三种角度间灵活游走，而不受困于某一视角，是非常关键的。

现在，把这些感知视角与年代之间的差异联系起来。如果你生长在大萧条时期，知道餐桌上并不能总是保证有食物，与对这些一无所知的人相比，你对快餐的方便性和及时性会有多么不同的理解啊！对于X一代来说，食物永远有，而且来源不言自明。如果来自这两个不同年代的人坐在一起吃饭，他们对这一顿饭的看法会相同吗？这一餐的价值又会如何不同呢？这就是为什么你们需要理解老一辈的同事、管理者和领导的过去。他们在工作中重视的、相信的、为之努力和期待的一切都基于他们的经历，你们也是如此。

每一代职场人的特点

随着婴儿潮一代的出现，对不同年代之间差异的关注就开始普遍了。作为历史上进入职场人数最多的一代人，他们引起了社会学家、人类学家、统计学家和营销人员对这一巨大人潮（数量上超过了10亿）的特别关注，他们作为目标市场改变了营销方式，并最终成为主要劳动力。今天，世界上出现的后续几代，像X一代、Y一代，哦对了，还有你们，

作为人类，我们有着相同的基本需求和愿望，但是也有专属于每一代人的重要价值观、态度和行为。让我们来看一下这些主要的差异是什么。

千禧一代，在数量上与婴儿潮一代不相上下。出于相同的原因，也依旧在引起人类学家、统计学家和营销人员的关注。

作为人类，我们有着相同的基本需求和愿望，但是也有专属于每一代人的重要价值观，态度和行为。让我们来看一看这些年代之间主要的差异。

建设一代（1926~1945年出生）

建设一代被广播记者汤姆·布罗考称为“最伟大一代”，有将近六千万人口，也叫作沉默的一代、幸存者，或者老年城市居民，这一代人见证了第一次世界大战后的世界，目睹了第二次世界大战，经历了原子弹爆炸、世界独裁者的出现、林德伯格飞越大西洋以及广播的黄金时代。由于目睹过这么多艰难的事情，因此建设一代很重视家庭、忠诚、传统和集体。有七位美国总统来自这一代人。20世纪50年代，大多数建设一代成年了。虽然50年代是美国相对繁荣的一段时期，但是很多人仍然过着“紧缩预算”的日子，并且还保留着“缝缝补补又三年，能用就用”的想法。

建设一代的特点

- 努力工作
- 通过勤奋和毅力取得进步
- 节约资源，小心谨慎
- 爱国，经常与婴儿潮一代起冲突
- 忠心和承诺，特别是对家庭、公司和国家
- 在工作场所要有礼貌，“即使处在某个人不值得你尊敬，但是这个职位是值得尊敬的。”
- 重视“我们”而不是“我”的一代
- 固执，不愿意改变

婴儿潮一代（1946~1964年出生）

“婴儿潮”字面上描述的是1946~1964年间战后美国人口的变化，这一时期美国有超过7500万婴儿出生。与之前的年代相比，婴儿潮一代享有更多教育、财富和社会机遇。很多人会追求更高层次的教育，在年轻的时候就远离家乡，探索外面有趣的世界。他们的父母经历了经济困难时期，而婴儿潮一代却进入了一个乐观主义、成就和繁荣的时代。电视、太空旅行，以及洲际飞行直接将这个世界展现给他们，为自我探索、女性权利、社会行动主义以及公民权利运动开辟了道路。20世纪60~70年代期间，婴儿潮一代经历了古巴导弹危机、水门事件、伍德斯托克音乐节、越南战争、种族整合、马丁·路德·金、刺杀肯尼迪、激进主义以及对政治、爱国主义以及社会正义的种种不同看法。父母一辈的办公环境在这一代发生了变化，包容了前所未有的性别和种族的多样性，“平

等的工作环境”一类的词由此诞生。

婴儿潮一代的特点
● 重视个人选择和个人自由 ● 社会，政治参与度高 ● 适应性，多样性 ● 不惧挑战权威 ● 积极向上，团队意识 ● 有竞争力，自身价值等同于事业和职位 ● 更重视健康和幸福

X一代（1965~1982年出生）

在法国，他们被叫作“无名一代”。在美国，“X一代”这一不同寻常称谓来源于这一代人缺乏归属的感觉。作为婴儿潮一代的孩子们，他们缺少父母那一代所具有的稳定身份，在媒体和流行文化的眼中，他们冷漠，没有目标，啜着喝星巴克咖啡，穿着法兰绒衬衫，满身油渍，听着摇滚乐流浪。

《新闻周刊》把X一代描述成“逃避社会，从不关注新闻，也不关心周围的社会热点的一代”。他们是美国第一批脖子上挂钥匙的孩子，大多数人在日托所或者课外活动项目中度过的时间要比在家和父母在一起的时间长。自主和自立取代了他们的爷爷奶奶那一代对权威的尊重，这也是大多数X一代童年生活造成的。婴儿潮一代的高离婚率导致了典型了X一代家庭观，他们质疑传统的家庭角色，在建立关系时更加小心谨慎，并且形成了一种“自己做”的态度。当X一代在20世纪80年代准备进入职场时，一场剧烈的经济衰退袭击了美国。与他们父母所享受过的美国梦时期不一样，X一代发现就业市场非常拥挤，竞争异常激烈。

由于这一代的很多成年人在他们20多岁时除了返乡别无选择，因此他们有时也会被叫作“回归的一代”。在千禧一代出现之前，X一代或许是受教育程度最高的一代人，三分之一的人获得了学士甚至更高的学位，而且他们也这样培养他们的孩子。

X一代的特点
• 独立 • 经验丰富，有技巧的解决问题者 • 现实驱动，而不是情感驱动 • 怀疑 • 技术优势 • 适应性，有成效 • 重视工作与家庭的平衡 • 多样化的背景 • 艺术情怀

千禧一代（1983~2001年出生）

现在该到你们最感兴趣的一代了——你们自己。你们与世界历史中的任何一代人都不同。生活中，身边的家长和成年人教育你们去相信，你们是与众不同的、出类拔萃的、独一无二的，并且绝对有能力去改变这个世界。或许在周五之前，你仅仅用一个博客就能够赢得一个小国家的人心和思想。自婴儿潮一代以来，你们是人数最多的一代。但这是你与婴儿潮一代唯一的相似之处。

对于营销人员用来轻松说服婴儿潮一代的方法，你并不是那么相信。其实你对传统的营销完全免疫了。这是为什么呢？因为你已经全部见识过了！从你蹒跚学步开始，便接触了各种产品、广告、推销和宣传。千禧一代是拿着电子产品长大的，久而久之，他们成了老到的技术专家。

你们也是世界上最具种族和民族多样性的一代。你去哪里，跟谁交朋友或者怎样处理自己的生活，都不会有任何界限，这还是历史上的第一次。网络的速度和广度使你对品牌、时尚和想法不再那么忠诚。你今天和明天的想法不一定一样。信息不断向你涌来，而你可以自由地做出反应。

你们经历过自然灾害、暴力、政治动荡，并且同X一代一样，有完全不同的家庭经历。你们大部分人的父母都工作，家里有双份收入。如果你们成长在单亲家庭，则需要肩负一部分购买和决策的责任。为什么这很重要呢？因为你们生活的环境是如此的多样化，以致对自己和别人的期待和准则都同过去不一样了，就这样，你们进入了职场。老一辈的人不知道怎样与你们相处。见鬼，或许你们的父母都不知道如何与你们相处吧！你们恰恰就是最受照顾的和最自恋的，也是最“为什么我们昨天不吃那个”的一代，这是真实存在的。但是说真的，我们有没有看过你们上传到网上的那些疯狂的旅行照片呢？如果我们没有看过，那我们完全应该去看看……

下一代（2002年以后出生的）

在写这本书的时候，你们下一代的官方名称还在商榷中。有人曾提议用“家园一代”或者“9·11一代”这样的标签，指代成长在2001年“9·11”恐怖袭击事件发生之后的美国孩子。“家园一代”指的是更愿意舒服地在家里待着而不去探索外面看似温暖和包容的世界的一群人。和千禧一代一样，下一代人发展程度极高并且精通技术。信息很容易获得，而且对于大多数人来说，可以通过口袋、背包、书包甚至午餐盒里的网络获得。

下一代人生活在一个非常方便的世界里，虽然他们还没有进入职场，但他们也是“数字原住民”，毫无疑问有着独特的观念、技能、期待和价值观。无论是在种族上还是文化上，下一代人都相当多样化。迁徙、移民以及日益增加的全球沟通将在他们的发展中发挥关键性作用。

既然你已经大致了解了各个年代的人所具有的特点，下面就让我们来看看年代差异中另一个关键部分：在工作中能够激励每一代人的是什么？我们将用马斯洛需求层次理论来描述这些不同的动机。

马斯洛理论与职场代沟

1943年，心理学家亚伯拉罕·马斯洛提出了一个模型，描述人类行为中的不同层次。他提出一个理论，认为不同的激励因素能够影响行为的不同层次。他认为，一个人一旦在食物、居住和水等基本需求上得到了保证，他们就会向金字塔的上方移动，以满足一系列更为高级的需求，如亲密关系、声望或者成就等。我们将根据马斯洛模型中的不同层次，讨论每一代人的需求归属。

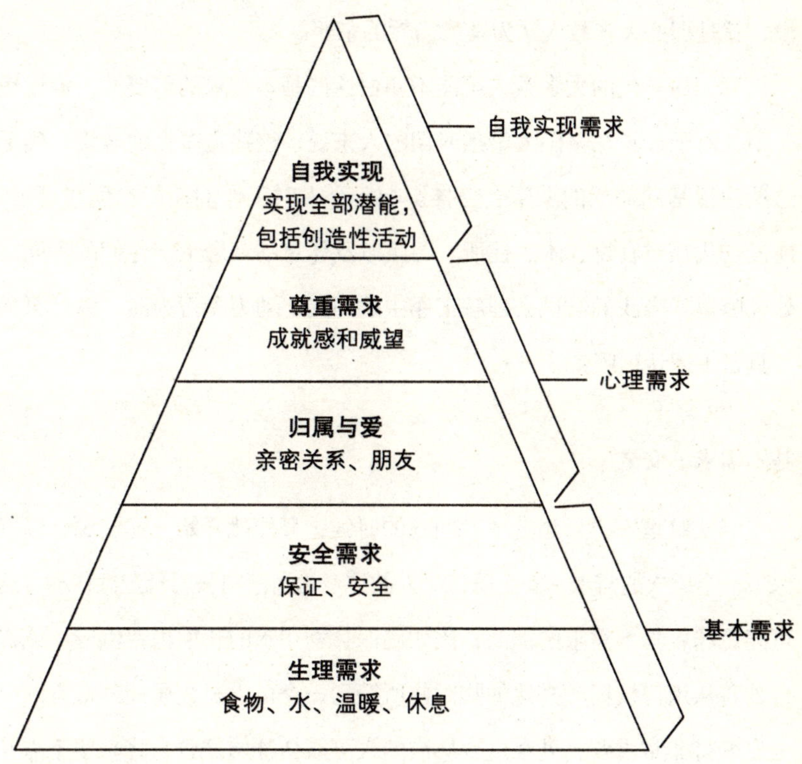

基本需求：生理

人类最基本的需求与生存密不可分。在这里就忘记什么茁壮成长吧；

你只需要每天活动四肢，让你的身体机能运作正常，日复一日。想一想这些需求对你来说意味着什么。（忘掉社交网络和智能手机；违背两者缺一不可的流行观念）在这一层次，一个人唯一的目标就是保证下顿饭有东西吃，有干净的水喝，有一个栖身之所，有一个地方睡觉。换句话说，就是那些大多数人认为理所当然的东西。

你们这一代的大多数人可能不明白这些基本需求的重要性，但设想一下，对于成长在美国大萧条时期的人来说，这些是多么的珍贵。确保这些生活基础需求的期望会怎样影响一个人对工作的期待？现在想想，建设一代在对食物、水、住所、温暖以及休息的观念上与你们的不同之处在哪里。当我们尝试去理解工作中的冲突、动力和行为时，为什么需要具备上述认识呢？

基本需求：安全

当头脑里不再只想着生存问题的时候，身体就开始分配资源，以确保下一个层次的需求：安全防范。人的注意力渐渐向长期稳定性移动。这可能意味着基本需求的提高，比如确保食物和水的长期稳定供应；或许意味着从用树枝树叶搭建的临时住所搬到一个可以长久居住的地方。安全也变得非常重要，处在这一层次的人可能会开始试着为将来留下点儿什么。建设一代曾经为了后代这么做，他们通常会留下丰厚的遗产。

听到有人说“工资不足以激励我”或者“我需要找到工作的意义”时，建设一代或许会感到困惑。因为当建设一代工作的时候，他们的注意力大部分集中在为家人提供食物和栖身之所上。

心理需求：爱与归属

在这一层面，一个人的需求不再是生理上的，而更多是情感方面的。有一个舒适的家，提供食物、水等基本需求以及能够掌控的栖身之所。在这一层次，人们很自然地有了与别人进行更深层次交流的愿望。对亲密关系的需求变成了一种动力，并深深地影响着一个人的行为。相比无休止地为了生存而工作，友情、浪漫或者拥有家庭慢慢发展成一个人最主要的目标。马斯洛认为，爱与归属感是在安全需求层面之上，成功需求之下的。

正当经济扩张、家庭可支配收入大幅度增加时，婴儿潮一代进入了职场。他们喜欢各类头衔，他们的桌子上都摆着老式的名卡，因为这些可以给予他们归属感。他们渴望“归属”，参加乡村俱乐部、扶轮社以及职业协会。事实上，他们就是好市多（美国第二大连锁零售商）今天遍地开花的原因。他们喜欢归属感！因此，当X一代或者千禧一代没有在公司的鸡尾酒会或者外出会议上出现的时候，他们真的不能理解。

心理需求：自尊

在这一层面，正是人们对于威望、成就、认可和进步的追求激励着一个人去“做事”。他的生活是稳定的，他的生活环境是安全的，他的人际关系是令人满意的。一股力量驱使他去发现更多，因此自我价值、

> 现实情况是，薪水不足以激励你。相比建设一代和婴儿潮一代，你们在进入职场时有完全不同的期待。虽然你与X一代有很多相似之处，但是X一代却从没有想过能够像千禧一代那样用言语表达出他们的需求。

自我实现和别人的认同变得非常重要。这就是为什么人们经常对自己的生活提出质疑，并且从此开始努力争取一些抽象且令人充实的东西。

进入职场后，X一代很不受待见，因为他们表达出获得更多工作与生活平衡的希望。并且，X一代高度独立，习惯躲避各种头衔和身份。他们的自尊与个人目标是联系在一起的，这些目标或许对别人不那么重要，但是对他们而言却非常重要。

自我实现需求：自我实现

不同于马斯洛需求结构的其他层次，这一层次只与你个人有关，而与其他人的关系都不大。它指的是情感上的需求，可以是一段自我反省和自我实现的时期。可以说这是自我成长的启蒙时代，与此同时，创造力、理解力和生活的满意度都达到了一个新的高度。这与千禧一代有什么联系呢？我们接下来会解释。

与长辈们相比，千禧一代的生活开始得相当舒服，父母们能够满足他们的基本需求。这个优势能够使你们在需求层次上快速上升，更早达到了自我实现的层次。结果如何？雄心勃勃的一代！千禧一代想要在这个世上有所作为，如果他们看到某事可以得到更好的修复和改变，他们就会立刻开始行动。

现实情况是，薪水不足以激励你。相比建设一代和婴儿潮一代，你们在进入职场时有完全不同的期待。虽然你与X一代有很多相似之处，但是X一代却从没有想过能够像千禧一代那样用言语表达出他们的需求。回到31和32页的表格。这就是千禧一代表达出的他们想在工作中得到的东西。你想要与众不同，希望你的工作有意义、有价值。

我们希望这一章能够让你对当今职场中的各代人有一个基本了解。当你作为员工开始工作，或者试着去理解老员工们的经历时，这些前期准备能够对你有所帮助。掌握好这些知识，并将它们融入你的优势中。准备好培养七个职场技能，排除成功路上的障碍吧。

本章回顾

· · ·

在职场中，理解对于缩小差异、化解纠纷以及增进和谐的作用是令人吃惊的。当你试图去理解工作中的前几代人，你会发现，除了那些所谓的巨大差异之外，确实存在能够将所有年代的人团结在一起的、公认的真理，不论他们是什么时候出生的。

当你与职场中老一辈的人（建设一代、婴儿潮一代、X一代，甚至是同龄人）接触时，记得要去实践和执行我们提到过的三个感知角度。马斯洛的需求层次理论或许有助于解释其他年代的人最重视的是什么，但是，在向你的上司学习这一方面，没有比努力理解他们更好的方法了。

照顾你不是上
司的工作，
是你应该学会
照顾上司

MILLENNIALS @WORK

第三章

建立关系——职场有特定的沟通规则

工作环境中的有些事是你无法控制的，比如中央空调的温度（这就是为什么你的同事会带毛衫或者电扇去上班），自动售货机里面是百事可乐还是可口可乐，以及电梯上下的速度。然而，好消息是：你的确可以控制工作满意度的最高指标没有之一——不是碳酸饮料，而是人际关系。良好的关系需要你们去建立。不要再把注意力放在你无法改变的事情上了，在你有能力改变的地方做些什么吧。现在，采取行动，与管理者们建立密切而有益的关系，就看你们的了。

“我是一个高层管理人员，直接向副总裁汇报工作。她刚来我们公司，对公司的文化也不是很了解。我们工作的风格和方式都非常不同。她能够很快做出回答，即使她还不知道正确答案是什么，而且她经常在不跟我提前确认某事是否可行的情况下，就以我的团队的名义做出承诺。至于我，会在行动之前花时间去听取别人的意见，对事情进行评估。我了解你们的难处，不愿意和上司直接谈这件事，相反，你需要根据他们的沟通风格进行调整，并按照他们想要的互动方法进行互动。虽然我不能总是同意她的观点，但为了我们能够保持一致，我必须学会用一种相对婉转的方式一起工作。”

——杰西卡（千禧一代）

因此他们的看法是，你们这一代员工很看重个人对于信任、鼓励和表扬的需求。

如果你观察一下金字塔，会发现它的底层在整个结构中是最大的一块，同时也是对结构的整体性最重要的一部分。底层负责支撑其余各层的重量，为长期使用提供坚固持久的基础。同样，为了给你们的工作、生活创造出一个稳定的、坚实的、持久的基础，本书所讨论的每个技巧都一层一层地建立在前一个技巧之上。

为了建造千禧一代的超级职场金字塔，我们将先从建立关系这一基础技巧开始。这一技能将影响你之后是否能够成功运用其他技巧。建立关系这种技能不仅对于其他技能很重要，而且在追求工作的幸福感和满意度方面也非常关键。一项民意调查显示，与上司保持密切关系的员工们对于工作的满意度是其他人的2.5倍。调查还显示，只有不到1/5的人能够把他们的老板视为亲密的朋友（一个在工作之中和工作以外关心他们的人）。这意味着什么呢？当一个不满意的员工离开某个公司的时候，他真正离开的是他的管理者和老板。

学生的方式不再适用了

“我对他们的任何付出，都好像是欠他们的一样。”

“千禧一代”喜欢被关注，这没有什么不对。从小到大你一直是大家关注的焦点。虽然这本身没有什么错，但是你已经习惯了受到关注。

作为千禧一代，你要让大家知道，你有想要和你的老板以及同事保持良好关系的愿望。但是研究显示，你们在工作中面临的最大的挑战之一就是如何同年纪较大的同事正确交流。

你有没有过这样的经历，你的家长专程跑去学校给你送午餐，或者回家帮你取球鞋为了让你能够参加训练，或者是帮你还信用卡解燃眉之急？你可能从没有想过这些，但情况就是这样。

老板们常常认为千禧一代都非常自私，他们更关心别人如何对待自己，而不是自己怎样对待别人。因此他们的看法是，你们这一代员工很看重个人对于信任、鼓励和表扬的需求。

如果你的老板有着“千禧一代非常自私”这样的想法，那么他有可能表现得不愿意和你交流，不重视你的想法，或者避免和你交往。一位年轻的女士在我们的培训研讨班上听到这一理念后，惊呼说：“我明白了！我终于知道为什么我总觉得我的老板不喜欢我了。”最重要的是，老板们对你们这一代人的印象可能会成为你的绊脚石。

避免被别人认为是自私的最好方法，就是努力和你的老板建立良好的关系。

先前我们听了很多千禧一代的年轻人讲述了他们在工作中遇到的阻力。这些困难的另一面就是你们这些年轻人需要学习的，也就是与他人一起工作的经验。

职场障碍	千禧一代的需求
不受重视	得到重视
得不到尊重	被接受
与老员工之间缺乏沟通	与老员工建立良好的关系

在为这本书做调研的时候，我们发现了一些绝大部分千禧一代年轻人的共同点。作为千禧一代，你要让大家知道，你有想要和你的老板以及同事保持良好关系的愿望。但是研究显示，你们在工作中面临的最大的挑战之一就是如何同年纪较大的同事正确交流。有意思的是，大部分参与调查者正是造成交流障碍的主要原因。我们看到类似这样的几种说法，“我不知道在给客户和同事发邮件或者和他们交流的时候是不是用词太不正式了”，还有“我怎么知道别人在听我说话？我感到没有受到认真对待，因为我跟他们讲的话不一样”。

每一代人都有他们不同的交流方式和他们都喜欢的沟通风格，这不难理解。这一点并不仅限于先进的交流技术（想想电子邮件、手机、短信、视频通话），还包括每一代人都有他们特定的语言方式。想想你现在使用的语法。你平时使用的语言和你的父母或其他长辈的有什么不同？词汇有什么不同？如果你的曾祖母听到你和朋友打电话，她能听懂你们的对话吗？有没有哪些词或者短语是你们这一代人特有，而她年轻的时候却没有听说过的？答案是肯定的。

加拿大魁北克省社会工作学院研究员阿曼达·葛瑞妮表示，这些差异就是造成不同年代员工之间交流障碍的原因。她说，不同年龄的人使用的语言存在差别，这一现象可以通过社会历史学涉及的观点、文化决定经验论，以及个人解读进行解释。事实上，每一代人都经历着不同的文化、历史、社会以及技术因素的影响。这些因素造成了我们不同的说话方式、内容和交流方式。

千禧一代在同别人交往时产生的误解或遇到的困难，很大一部分是由于文化经历的不同。还记不记得我们之前在第一章开始谈到的社会环境？你们这一代人在生活中熟悉使用网络，你们是第一代不需要向权威人士请教来获取信息的人。你们前辈的人不仅依靠权威人士获得信息，还依靠他们的帮助获得进步和提升，并获得对于成功而言至关重要的知识。他们在工作上的成功离不开与别人的紧密关系，这些关系也是成功的核心原因，但是在这一点上，你们的成功却与人际关系联系不大。实际上，千禧一代的年轻人只有在走投无路的时候才会向权威人士求助。因为你们只需要上网（多亏了谷歌），在几分钟之内就能找到你们需要的信息。这种自主获取信息的方式大大影响了你们与权威人士建立联系的动力。

如果你从这个角度思考，情况就大不相同了。千禧一代和管理者其实都在与对方建立联系的努力中挣扎。对于年纪较大的员工来说，不管他们愿不愿意，在年轻的时候不得不采取主动同别人建立联系，但是坦率地说，他们看不到你们像他们当年一样努力。因此，老板们看到千禧一代没有主动找他们寻求意见、指导或者信息，他们就会认为：

1. 千禧一代认为他们什么都知道；

2. 千禧一代觉得他们的老板什么都不懂；

3. 千禧一代对于如何改进工作毫无兴趣。

我们已经讨论了年轻人在职场中遇到的冲击和困难，但是让我们再回顾一下。进入职场前，你所接触的长者通常会主动给予你关注和照顾，因此，你会认为长者总是为你着想。你不需要主动和比自己年长的人建立关系！因为他们就在身边，已经成为你生活的一部分。但是现在，你的雇主没有主动与你建立关系，并不等于你不能采取主动，与对方建立良好的关系。

我们承诺过，这本书致力于帮助你在职场中取得成功。你所需要做的，就是愿意主动适应与改变，以有效使用在这里学到的技能。最重要的是，我们希望你改变关注点：与其期待别人应该做什么，不如想想自己能做什么。

学会倾听及正确地交流

尽管听起来非常简单，但是努力与雇主构建良好关系确实可以使你脱颖而出。我们的研究显示，能够与雇主建立良好关系的年轻人的晋升速度更快。他们成功的秘诀并非出类拔萃的工作经验和能力，而是与雇主沟通交流的能力。正因为良好的人际沟通，雇主认为这些年轻雇员更加值得信赖，更投入，也更具备升职所需的条件。

改变你对职位的认知

我们在第二章里讨论了三种感知视角，以及职位的更换如何帮助不同代际间相互理解。能够正确理解你的职位本质，并且能够即时改变自己的认知，同样也能够让你正确地处理、理解你和雇主的关系。当遇到突发事件，不论是积极的还是消极的，你都应当即时改变自己的感知角度。在我们的培训项目中，我们会使用电影《办公室空间》（*Office Space*）来展示这些观点。一位名叫彼得的年轻雇员由于没有在报告上添加扉页而被雇主训斥。彼得为此感到什么沮丧：一件在他看来无足轻重的小事竟然在雇主眼里成为大事。

消极的突发事件会损坏你和雇主的关系，至少会使你们之间的关系更加紧张。感知视角可以帮助你维持感情平衡。它可以帮助你不仅从自己（第一方）的视角，同时也从雇主（对方）的视角，以及局外人（第三方）的视角来看待问题。认清自己的感受，了解自己如何看待发生的事情，以及从第一方当事人的观点开展工作并没有错。问题的根源在于，你将自己局限在了自己的角色中，并且仅仅从自己的视角看待问题。这样的做法只会增加许多雇主对年轻雇员的偏见——自大。因此，学会如何从雇主的视角看待问题十分重要。

我们曾经和一位面对旷工问题的经理合作，了解问题根源。年轻的员工认为这位经理安排工作不公平，于是他们就假装因病请假，或者直接旷工。我们建议这位经理允许员工自己决定时间表。当然，这位经理起初有些疑虑，但最终还是决定试一试。这样做的结果是旷工率大大降低！他不仅对旷工率的降低而感到高兴，同时员工对工作安排的评价也让他十分欣慰。“我们真的不知道原来安排工作如此困难！”“你真的无法做一份让所有人都满意的工作安排时间表！”一旦员工自己去制定时间表，他们对经理的批评少了，支持多了。我们并不是说在所有的冲突中你都应当支持雇主，我们想说的是，应当停下来，试着站在雇主的角度看问题。

表现出对雇主的兴趣

做出切实的努力，表现出对上司的兴趣。试着去问一些简单的问题来打开对话。比如，你是如何开始自己目前的事业的？周末过得好吗？你觉得事业初始阶段应当了解什么？你有什么爱好吗？

大部分人十分喜欢谈论自己的生活和经历。但是，我们不会天真地认为所有的雇主都会喜欢员工打探他们的生活。确实有些人比较容易接近，因此不要因为最初的拘谨而放弃了解雇主。如果你和雇主交谈感到紧张，那么试着在其他场合练习交谈，直到你更加自信为止。一位同事给我们讲了下面这个“熟能生巧”的例子：

我和十几个人在练习高尔夫球，我练习推球入洞，没多久就到了开球时间。我注意到一个最多十一二岁的男孩走上果岭。

他手拿推球杆在球洞旁练习。我很惊奇地发现，他时不时地在和其他球手交谈。他最终走到我这一侧的球场，我打算和他简单聊几句。我问了一个答案显而易见的问题“你在练习推球入洞吗？”然而他却回答道“不，我在练习和成年人交流。”

很显然，短信和电子邮件已经影响了人们的交流方式。但是，影响我们交流方式的不仅仅是科技，还有我们的生活节奏。年轻人经常因交谈时不能集中注意力而受到批评，而实际上，在年长的人之间，交谈的艺术性也逐渐淡薄了。作家麦格·维特利写道：交谈需要时间。我们需要时间坐在一起倾听彼此的忧虑和梦想。在生活节奏飞快的今天，我们已经很难和朋友坐在一起交谈了。我们需要夺回与他人相处的时间。否则，我们将会变得彼此陌生。

积极倾听

什么是积极聆听？它指的是不仅用耳朵去听，而且是用全身去倾听。试想，当你没有集中精力时，别人说的话你究竟能够听到多少？当你打电话时，你可以准确地识别电台播放的歌曲，当警报鸣响，邻居的狗冲着邮递员叫，你依然可以听到一辆车正从附近的街道轰鸣驶过。的确，你听到了这些声音，可是你真的用心去听了吗？

积极倾听是指全身心地倾听别人的话语，并且努力理解整段话的意思。积极倾听时，听者会在脑海中复述对方的话语，以此促使自己积极参与对话；或者，他们会发出诸如“嗯”“是的”“好的”等语言回应来增进参与度。需要指出的是，假装聆听并不等于真正的积极倾听。真正用心地去倾听十分重要。如果你不明白这点为什么很重要，那么想想当你告诉别人某件重要事情时，对方用“嗯，好，把遥控器递过来”敷衍你时，你会有何感受。

积极倾听不仅是重要的社交技能，同时它在商业交流中也不可或缺。对于成长在喧嚣环境下的年轻人来说，专心倾听可能比较困难。一个有助于提高积极倾听技能的方法，就是在脑海中重复别人说的话。这样做会使你注意倾听，并牢记对方的话。一点儿小小的努力可以带来持久的帮助，没有上司希望你们在讨论工作问题的时候不专心或者表示厌倦。你也可以通过肢体语言来表现出对谈话的兴趣，比如前倾、保持眼神交流或者点头。通过用某种方式回应讲话者，可以鼓励他们继续说下去，这样你不仅可以得到需要的信息，而且能够有助于在你和上司之间建立信任和自信。

如果上司给你发传真，也许要考虑找份新工作了

每个人都有自己喜欢的沟通方式。你比较喜欢哪种？当某人一直没有用你喜欢的方式和你交流时，你是什么感受？与你的上司建立联系的最好方式之一，就是根据他们的喜好进行沟通。例如，如果你的上司用电话和你联系，那么你也要用电话给他回复。如果你的上司给你发邮件，你也要回复邮件。如果你的上司给你发短信，你也要发短信。如果你的上司给你发传真的话，或者你可以考虑找份新工作了。

研究发现，管理者最普遍的挫败感就是，千禧一代不喜欢用电话。我们并不是建议你永远不要用自己更喜欢的沟通方式，我们只是想说，应该从上司的喜好出发，直到与他们建立融洽的关系。

表达感谢

这或许是本书中最重要的技巧之一：在每次机会到来时都表示感谢。你们也注意到，千禧一代已经被打上了“自私”的标签。有些人认为你们这一代应该被叫作“自恋一代”，意思是，千禧一代是所有年代中最自恋的。我们相信这种认知的确存在，因为你们这一代对于公司和管理者对你们的事业所提供的帮助抱有很高的期望。参与调查的某位管理者很快用一句话总结了其他管理者的评论，“我所做的任何额外的或者善意的事情，在他们看来就跟欠着他们似的。”

当某人，尤其是一个管理者为你做了一件善意的事情时，克服“自私”这个印象的最好方法就是表达真挚的感谢。一张感谢卡片、一封邮件、一通电话，或者一条短信，写上他们具体做的事情以及对你的意义，这些都会发挥持久的作用。下面就是一个很好的例子：

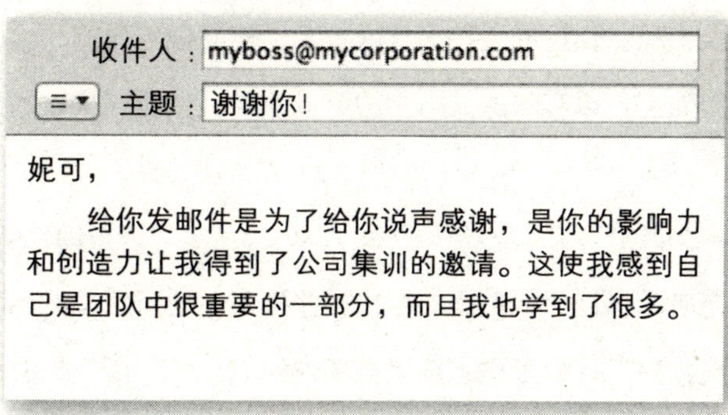

你不需要说得太多，几句话就足够了。沉默会让别人认为，你对他们的付出不知道感恩，或者你觉得帮助你是他们的分内之事。

创建人际关系清单

领导力研究专家罗伯特·J. 克林顿在他的研究中发现，崭露头角，积极进取的领导者们都有一个共同的特征：他们普遍追求以下四种导师关系。

第一种称为上层导师。上层导师都是一些能够影响你的观点、态度或行为的人。上层导师一般都是你的祖父母、父母、叔叔、阿姨、老师、教练、老板或者精神指引者。他们也可能是你从不认识的人或者你特别尊敬的人。他们在你的生活中扮演“圣人”的角色。我们鼓励你们把管理者看成是一位潜在的上层导师，一个你可以学习和寻求建议的人。

第二种是友谊导师。友谊导师通常都是在你人生的不同阶段陪你走过的人。他们通常与你年龄相仿，并且经常在你的青春期后期或者刚刚成年的时候出现。你可能会在大学或者工作初期碰到他们。这些导师很重要，因为他们可以有效测试出你的意见效果，也能够从他们类似的经历中给你一些提示。

第三种是砂纸导师。砂纸导师，顾名思义，就是可以帮助你不走错路。至少在你想听的时候，他们会对提出一些批评性的话。虽然你不应该让他们来定义你自己，但是也不要完全躲避他们。听一听，思考一下他们的意见是很重要的。而且虽然表面上看，他们与你作对，但实际上并非如此。让他们靠近你，虽然他们有可能让你不舒服。

我们采访的一位千禧一代这样描述他生活中的这位意想不到的砂纸导师：

> 我申请了一个我梦寐以求的职位，但是在面试的时候，面试官看了看我的简历，拿出红笔，开始在上面写写画画进行编辑！我当时刚从学校出来，紧张得不行！面试之后，我走回了车旁开始哭。我知道，发生这件事后，我不可能获得那个职位了。但是，我回到家后，对简历进行了一些修改。然后把改过的简历发给我的一些朋友，他们帮我制作了一部分简历，使我得到了现在这份简历。如果不是面试时遇到的那位女士，我可能不会想到寻求帮助。这说明，简历是我现在的一块软肋。

最后一种类型的指导与你自己指导的人有关。他们有可能是年轻的弟弟妹妹、侄子、侄女或是你在学校和团体活动中遇到的人。他们通常比你年轻，你同他们的联系就是你对他们成长的投资。或许你会发现，你自己更加重视这种关系。

我们建议你按照导师类别将出现在你生活中的人归类。一定要主动去发展这些重要的关系。其中一个方法就是，让每个人都知道他们在你的生活中所扮演的导师角色。你需要他们的帮助，训练其他的技能。顺便说一下，你不需要主动去寻找砂纸导师。相信我们，他们会来找你的！

虽然你可能永远不会意识到，但是你的砂纸导师可能会变成你的头号粉丝呢。就像下面这个故事：

> 高中毕业后，瓦莱丽成了新墨西哥州秘书长的行政助理。当时的州秘书长是雪莉·库伯，她当年以对办公室员工的形象十分挑剔而著称。员工们被要求每天以最专业的形象工作，没有例外。瓦莱丽出生并成长在圣达菲外的一个小乡镇里，那里被称作“趴地跳跳车之都”。瓦莱丽认为，来自漂亮的城镇地区的人都看不起她们这些人，但是她为

列出你的导师关系

上层导师

____

____

____

____

友谊导师

____

____

____

____

砂纸导师

____

____

____

____

你指导的人

____

____

____

____

家乡感到骄傲，如果有人不从她的角度看待她的故乡，她就要跟别人争执。

似乎无论瓦莱丽每天如何打扮自己，库伯秘书长总能在她的服装、发型、接电话的方式，甚至是一般举止上发现问题。瓦莱丽不仅没有感到这种批评的有用之处，她反而把库伯的评论看成一种侮辱，感觉是专门针对她的。瓦莱丽当时并不清楚库伯秘书长是怎样看待她这位年轻助理的。她把瓦莱丽看作一颗未经雕琢的钻石。她知道瓦莱丽没什么经验，而且无论她怎么努力，总是显得与政府大楼格格不入。

时间一长，瓦莱丽明白了不需要把库伯秘书长的评论太放在心上，也意识到她的批评并不是一种诋毁。瓦莱丽开始在晚上学习大学课程，并且拿到了科学学士学位。后来在洛斯阿拉莫斯的国家图书馆工作，最终听从库伯的建议，竞选圣达菲的县书记官。库伯秘书长在整个竞选过程中一直陪伴在瓦莱丽的身边，当瓦莱丽以88%的选票赢得了竞选时，她也在那里为她庆祝。虽然当时库伯早就退休了，但是又重新回到了职场，在瓦莱丽的办公室里任职。

她们认识已经二十年了，库伯秘书长一直帮助瓦莱丽的个人和职业发展。瓦莱丽已经赢得了两次竞选，而且很多人都认为她将来会是国务卿的有力竞争者。直到今天，瓦莱丽仍然亲切地称雪莉·库伯为“妈妈”。

应对棘手的关系

好吧，我们知道，不是每一个紧张关系都会让你最终赢得一次选举，或者获得明年花车游行的席位。但是为什么要让紧张的关系给你带来压力、挫败和焦虑呢？工作中的这些消极的情绪会造成不良的表现、动力缺乏和信心丧失。谁愿意这样呢？紧张的关系通常会发展为一种破坏性的行动—威胁—再行动的循环。还没有等你意识到这一点，双方已经丧失了认知、平衡以及对正在改善的事情的希望。如果你遇到了来自对方的阻力，它通常会变成一种权利游戏。在大多数情况下，你的上司比你的权利大，所以这并不是一个好方法。无论你信不信，有很多方法可以改善这种紧张的关系。你知道吗，靠行动改变感觉要比靠感觉改变行动容易得多。

为了帮助你们更好地理解你的上司们看事情的角度，我们可以借用日本合气道的一种策略，这听起来可能有点儿奇怪，但是请听我们讲。闭上眼睛，想象你站在对手面前的垫子中央。你向对方低头致意。对手攻击你时，你没有反击，反而在他们向你倾斜的时候站到了他们的边上。

合气道的目的是和你的对手一起移动，而不是反方向移动，你学会的第一个防御动作就是摆正位置，这样你就可以以对手的视角看东西。这种看似消极的方式使得你可以利用来自敌我双方的能量。

我们并不是要你把上司摔倒在地，或者试图去控制他们。但是，当你感受到了上司的攻击时，想一想你能够做什么，来保护他们和你自己。

无论你信不信，有很多方法可以改善这种紧张的关系。你知道吗，靠行动改变感觉要比靠感觉改变行动容易得多。

“站在他们那边”是谈判专家威廉·尤里在他们作品中用的一个隐喻。在处理想要跟你沟通的上司之间的关系时，尤里的建议绝对好用。下次，当你工作中遇到冲突的时候，试试这些技巧吧。

- 克制争吵的冲动
- 了解他们的感情、观点、能力以及你们之间的不同
- 从讨价还价向联合解决问题转换
- 帮助他们保护面子
- 征求有建设性的批评意见
- 再次强化关系
- 以相互满意而不是胜利为目的

如果你已经尝试过以上所有方法，但是你与上司的关系仍然没有任何希望，请不要太放在心上。即使你已经黔驴技穷，仍然有一些你能够做的事情：自我分化。“自我分化”这个词是由精神病专家穆雷·博万创造的。他认为，不会自我分化会导致长不大，并且不能对个人成长承担相应的责任。自我分化失败的一个典型特征就是把你个人发展的责任都推到别人身上。良好的自我分化有以下几个特征：

- 即使在关系紧张或者有不同意见时，仍然同别人保持联系

- 能够表明你的需求，在不给别人强加个人要求的情况下请求帮助
- 明确在你的私生活和别人的生活中能够满足的和不能满足的需求
- 在不疏远别人的情况下，认识到你是和别人不同的
- 要知道即使你要对别人负责，你也是不需要为别人负责任的

祝贺你！你已经在建立关系里赢得了腰带。现在走出柔道场，去收获你的职业奖杯吧。当然也可以只是去吃些点心，然后再回来学习下一个技巧。

本章回顾

· · ·

“照顾你不是你上司的工作。是你应该学会照顾上司。”不管你信不信，它都是真的！通过与你的上司建立一种良好的关系，你能够更好地为迎接一个成功的工作经历做准备。

第一个技巧或许要多花费点儿时间，但是还好。你必须付出真诚的、真心的、动机正确的努力来建立关系。为了与老员工和同事建立关系，你能够做的最正确的事情是：

- 改变你的感知位置，必要时经常这样做
- 通过提问，投入真诚的兴趣
- 当与别人交流时，通过点头，重复说过的话或者运用肢体语言表示感兴趣等来积极倾听
- 找到与你的上司最匹配的沟通方式，即使它对你来说有点儿过时
- 对于别人提供的帮助表示欣赏

意识到谁是你生活中的导师，依靠他们帮助你适应工作中的新情况和新机遇。你也会有机会成为别人的导师。如果你发现你处在一个困难的关系中，一定要抑制住争论的冲动，多考虑别人的观点，征求建设性的批评意见，并且以获得相互赏识而不是个人胜利为目的。

清除路障！你需要：

建立关系

如果你读到这里了，你要么已经掌握了第一个技能，建立人际关系，要么你还想再看看。如果是前者，那么恭喜你！但是即使建立关系对你来说很容易，想想加深关系的方法也是很有益的。如果你在回答这些问题时有犹豫的话，那么请花点儿时间评估一下，你需要进行哪些改变。

你的上司在工作中忽视你，却会花时间与你的同事相处吗？

是 → 找到一个兴趣点

否 → **你是否经常会纳闷其他人怎么就是不明白呢？**

是 → 改变感知角度

否 → **工作之外的老板你了解多少？**

否 → 积极聆听

是 → **你的老板在乎你的培训和职业生涯吗？**

否 → 表示感谢

是 → **你在工作中经常感到难以沟通吗？**

是 → 匹配沟通方式

否 → **你经常被排除在办公室活动之外吗？**

是 → 找到一个兴趣点

否 → **你跟老板的工作方式一致吗？**

是 → 改变感知角度

否 → **对于平衡工作生活的问题，你是否跟同事们想得不一样？**

是 → 改变感知角度

否 → （返回开头）

你的老板不会告诉你需要知道的所有事情，要对他们没有分享的一些细节负责

MILLENNIALS @WORK

第四章

落实细节——如果有疑惑就提问吧

细节，细节，细节。就像美一样，众人的理解不尽相同，真是这样吗？未必。你是否曾出色地完成一个项目，却发现这根本不是老板所想要的。你无比沮丧，但又不得不冷静下来落实细节。这就对了。在工作中，你无法像在学校一样草草应付了事。因此，在下一次执行任务时，多问一些信息，这样不仅能给老板留下好印象，同时你也会变得更加自信，更好地完成工作，并确切明白老板对你的期待。

不管多少次我要问老板很多问题，我知道只要问就好了。理解了老板的意思之后，我可以能节省很多时间和精力。我也意识到我并不是时刻都知道自己在做什么。

——夏洛特（千禧一代）

细节不清会降低效率

“他们不关心客户！”

成功的障碍之一是不清楚老板希望你如何做。在学校的时候你有教学大纲，上面列出了学习预期、截止日期和作业，以及成功所需的其他重要细节。在工作中，如果你的工作说明基本准确，恭喜你，你将不需要大纲。而这在职场中现实吗？经济不景气时，员工培训是首要大事。想成功，就要主动落实细节。听起来简单吧？其实远非如此。工作的繁

我们采访的多位领导在表达和千禧一代工作的沮丧时用到了“在乎”这个词：“他们只在乎自己在做什么”“他们不在乎结果，只在乎把事情做完就好”。

忙与喧嚣妨碍了老板下达明确的指令。作为千禧一代，在向老板求助之前总是想尝试在其他地方寻找答案。想要获得具体信息，在工作中就要避免以下情况：领导下达指令时坚毅地点头（尽管他说的话你一句不懂），等到领导离开后再去弄明白什么是他想要的。

你可能是一个超级英雄，但含糊不清就像是你们这一代的克星。所有的超级英雄都有不可避免的失败或死敌，这样看来，你们的敌人就是缺乏信息与方向。千禧一代看重支持。你希望每个领导给你清楚的方向、资源和宝贵的反馈。毕竟这是领导们的工作。培训领导时，我们告诉他们，剥夺千禧一代超能力的最好方法就是含糊不清。让你的领导能够预料到交给你每一项任务的所有具体细节是不现实的。他们可能不知道你需要的所有信息，也可能他们自己的项目也令他们应接不暇，还可能他们缺乏管理技巧，甚至可能认为你不在乎。

领导们认为你们这一代人很冷漠，这表明千禧一代有时会粗心大意，缺少投入或者在他们认为不重要的工作上三心二意。我们采访的多位领导在表达和千禧一代工作的沮丧时用到了“在乎”这个词：“他们只在乎自己在做什么”“他们不在乎结果，只在乎把事情做完就好”。不管这些言论公平与否，由于你可能也面临类似的评论，你应该明白如何改变这些看法。

管理者们意识到，这一代人注重个人的自主性，千禧一代的愿望是随心所欲，有自己的时间计划，不用担心有人暗中管制他们或干预他们的时间。因此，领导们很困惑该给千禧一代多少方向指示，又担心被当作讨厌的人。仔细想想，确实如此。有人一方面想自由地按照自己的方式做事，另一方面又想获得明确详细的指示。研究中的一个千禧一代恰当地表示："我们希望得到指示和方向，然后放手让我们自己去搏。"领导对提供细节的犹豫不决，繁忙的时间计划表上的各种要求，二者结合起来后，你会发现像是陷入一个盲区。徒劳地试着弄明白领导想要什么，或者更糟糕的是，你应该怎么做。

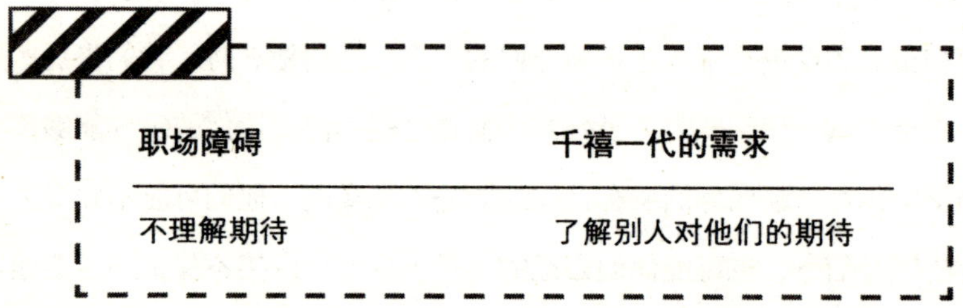

职场障碍	千禧一代的需求
不理解期待	了解别人对他们的期待

史蒂芬·柯维博士在《高效能人士的七个习惯》一书中谈到了高效能人士的一个习惯，即以终为始"以终为始是说着手一件事情前应认清目标，这有利于更好地了解目前状况，向正确的方向前行"。不论是长期目标还是短期工作，重要的是减少失误，避免浪费精力。寻求细节有助于更好地了解工作、预期以及领导对你的期望。

如果你和领导关系紧张，这多半是由含糊的指示、误会、错误或不切实际的期望所造成的。

如果你和领导关系紧张，这多半是由含糊的指示、误会、错误或不切实际的期望所造成的。有些方法能够缓和与领导的关系。你可能对一些事情有经验，认为每个人都知你所晓。举一个朋友的例子，他拥有很多房产，他的儿子工商管理硕士毕业后接管家族事业。我们这个朋友给他儿子的首要工作之一是对他想买的三套房子做一个KTR分析。几天以后，他问儿子报告完成得怎么样了。儿子说还需要几天时间，但也取得了些进展。一个星期以来每天都是这样重复的对话。最终，朋友的儿子鼓起勇气承认，他根本不知道KTR是什么。

我们这位朋友对他儿子解释，KTR不是一个专业的房地产术语，而是他自己发明的一个缩略词，意思是投资调查报告，每户的价格是多少，入住率是多少，房产年龄，等等。他儿子花了一个星期的时间试图从网上弄明白什么是KTR。不用说，他找不到任何信息能帮他完成任务。如果他不是试着自己弄明白，而是直接地问一下什么是KTR，就会避免白费周折。

同样，如果父亲没有想当然地认为儿子理解了他说的话，也会避免浪费时间。两人对失误都有责任，但是你别指望领导会像我们这位朋友一样宽容。关键在于，你可以求助领导，告诉他你不明白的地方，弄清楚应该怎么做。太聪明了对不对？这比随意揣测而受责怪好多了。

> 在他们的世界里，他们知道什么是重要的，该做什么，希望你怎么做。他们只是不知道有代沟的情况下如何交流传达这些东西。

上司也许有不同的理解

有时候，你会分配到一些乏味的工作，不管你的任务看起来多么卑微，它们对领导甚至整个公司来说都是非常重要的。我们都知道，职场中存在年代差异，我们鼓励管理层帮助千禧一代找到日常工作的意义，让他们看到自己的贡献发挥的重要作用，并且弄清楚对他们的期望。出于很多原因，年长的员工只做重要的事情，这是因为他们活在自己的世界里，而并非你的世界里。他们有自己的世界，在那里，他们知道什么是重要的，该做什么，希望你怎么做。他们只是不知道有代沟的情况下如何交流传达这些东西。

这听起来也许很奇怪，但许多年长的领导都接受过“浮沉”理论的培训。该词指的是如何教孩子们学游泳。他们被扔在水里，开始学习。没有讲授，没有指导。也许对一些人来说这是有效的培训方法，但其他人至今还需要治疗、克服对水的恐惧。你肯定在想“那听起来不像是训练，倒像是虐待！”关键的是，鉴于一些领导过去的学习方式，你得积极主动去寻求详细内容。如果你的领导开始谈起他过去的日子，或者他曾经比你有多艰难，要克制住翻白眼的冲动。坚持自己搜集信息的方法，多问问题，既然付出了努力，就准备好踏上前方的康庄大道吧。

> 领导可以对他们给你提供的信息，你理解了多少，以及他们希望你怎么做进行揣测，但你也会因为自己的妄意揣测而受到责怪。不要认为你可以依靠自己弄懂一切。

询问清楚细节

正如之前提到的，技巧之间互为基础。我们保证，在建立良好的关系后再寻求详细信息会变得容易些。但同时，也存在一些寻求细节的要诀。

别做读心人

我们讨论过领导如何假设他们给你提供的信息，你理解了多少，以及他们希望你怎么做，但是你也会因为自己的妄意揣测而受到责怪。不要认为你可以依靠自己弄懂一切。也许你能做得很好，但是何必给生活增添压力呢。提到支持、资源和指示，不要轻易认为领导知道你想要什么，否则你会被自己的假设所害。

接受风险

“最愚蠢的就是不问问题。”这话颇具鼓励意味，它使人鼓起勇气想问不计其数的问题。这也说中了为什么刚开始大家不愿意问问题。我们不想看上去很愚蠢，或者孤陋寡闻。有时候，问问题确实有一定的风险。

我们都见过这样的情况：有人问了一个无可厚非的问题，大家都笑了。就像在餐厅里一位女士点餐，她问服务员烤土豆是否是烤的。如果晚餐期间你听到这个问题，会觉得这个是愚蠢至极的问题。然而这位女士其实想知道的是烤土豆是用微波炉加工还是在烤箱里烘烤的。这对于喜欢烤箱烘烤土豆的人或实在讨厌微波食物的人来说，确实是个有意义的问题。冒险问一个看起来很愚蠢的问题比用行动证明自己的愚蠢要好多了。

确定信息源

虽然向上司询问详细信息是个好办法，但你会发现，组织里的其他人会帮助你更多。因此，试着找到你的任务管理者，并和他们建立关系。公司里的很多同事都有所谓的"隐性知识"。隐性知识并没有写在纸上，不一定罕见，但却非常宝贵。这种知识只能通过经验获得，并且仅保存于人的头脑中。你可以将隐性知识想象成冰山没入水中的部分，它包括一个人的大部分知识，并形成潜在的框架，使得显性的知识可以体现出来。但它并非时刻都能获得，也并非总是能被发现。转换隐性知识的唯一方法是通过人际关系。

有趣的是，人人都有隐性知识，回想你上次堵车，在选择一条可行路线回家之前，你脑海中一秒之内可能闪现了三种选择。因为你曾见过这种情况并且学会了如何去做，你做的决定是通过观察或者直觉。工作中，你身边的人能帮助你更好地明白应该如何去做事，教会你如何出色地完成任务，因为他们也面临过这种情况，学会了该做些什么。

选择合适的时间和地点

应当时刻关注经理的日程安排。尽管是出于好意，但是当人们没有时间与人交流，却坚称自己有时间时，是非常令人沮丧的。当你面临这样的问题时，你只需要询问他是否有时间与你深入讨论你的问题。最好算精确你所需要的时间，你想要讨论的问题以及这些问题之所以重要的原因。确保你在询问细节时不要和你自己的想法混为一谈。你将在之后得到对你有帮助的必要条件。

端正态度

询问细节时，不要把责任推卸给领导。你如果说“您在会议上没有明确我在项目中的角色，我想和您谈一下。”这样就显得有点自我保护、推卸责任的意思了。所以要试着变得谦虚，就是自己负责自己所知道的，比如“我不太清楚自己在项目中的角色，您能告诉我吗？”说话的时候尽可能以“我”开头而不是“你”。

做好准备

我们不太愿意建议你准备好很多问题，因为我们当然不希望你看起来像是要做证人宣誓。（该建议同样适用于工作面试。）我们调查的很多管理者讲述了潜在新员工让他们感到如同受到质问一样。弄清楚你想问的内容。在提出下一个问题之前留出回答的时间。试着列出5类问题：

内容、时间、地点、方式、人物。你可以用我们那位朋友和他的KTR报告当作案例来练习这些问题：

- 什么是KTR？包含什么信息？
- 需要什么时间完成KTR？
- 从哪儿能找到KTR的例子？
- 如何找到KTR所需数据、资料？
- 完成KTR我还需要谁的帮助？

这5类问题你不一定都需要问，但这项训练有助于你确定相关的信息和侧重点。

记录下来

接单的服务生可以一个字不写就能准确记住每一个细节。他们是食品服务业的机器人？你认为你可以记住每一个细节，却发现自己站在杂货店的冷冻食品区，绞尽脑汁思考为什么会在这儿。对了，来买华夫饼和豌豆。

当你从领导那儿或通过其他途径获得详细信息时，确保将这些信息储存到智能手机、平板电脑中，或记录到你信赖的存储设备中。讲话的时候有人做记录很神奇。有时候，你甚至想问是否可以将对话录下来。面试的时候这种情况很常见，让你能够专注于对话。如果你和领导没有建立很好的关系，就不要录下你们的对话，更不要将视频传到社交网络上。至少现在不要这样做。

提早及时检查

询问详细信息时，及时交流至关重要。即使你练习了我们所说的上述一切技巧，事情十有八九是会变化的。计划、预算、进程、重要的事情、预期，甚至人都在变化。因为人的思想在不断变化。提早检查，以确保你仍然有最重要的详细信息，因为你不希望像香菇或者厌世的吸血鬼一样讨厌光亮。

本章回顾

· · ·

老板不会告诉你所有你需要知道的信息。你要负责找到那些未知的信息。工作中你可能遇到的障碍是不明白该怎样去做。你所谓的自主能力，在老板看来是过多的独立，询问详细信息的技巧能使你拨云见日。询问细节的关键有：

- 不要妄意揣测对你的期望
- 接受问问题带来的风险，尤其是你觉得你“应该”知道答案
- 在组织中找到能帮你得到信息的人和方法
- 选择合适的时间、地点和领导谈论细节
- 保持态度端正
- 做好准备，提前弄清你想问的问题，得到答案时做好记录
- 提早及时检查，不要等待，否则为时已晚

从长远来看，在这一部分用点儿心会帮你节省很多烦恼。当你了解了别人对你的期望，你就能够更好地运用你的才能去真实地表达你的想法。

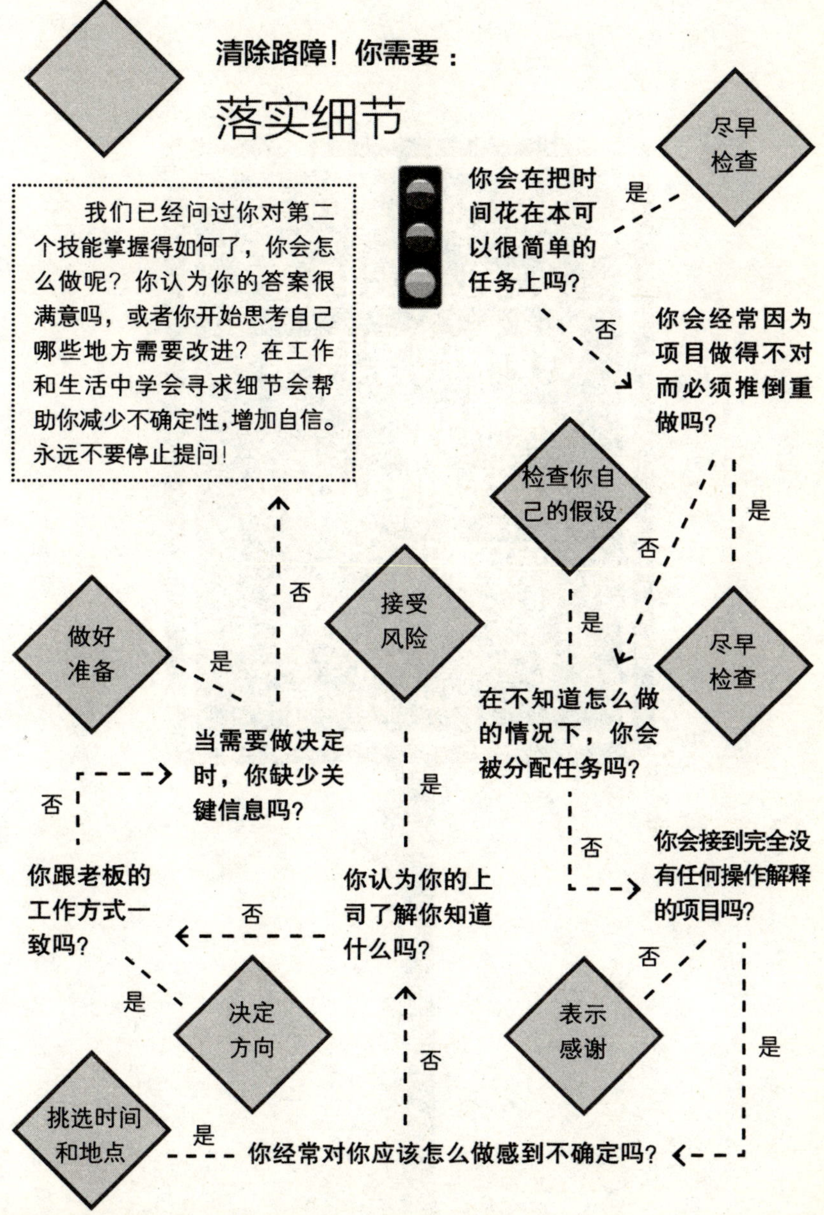
清除路障！你需要：
落实细节
我们已经问过你对第二个技能掌握得如何了，你会怎么做呢？你认为你的答案很满意吗，或者你开始思考自己哪些地方需要改进？在工作和生活中学会寻求细节会帮助你减少不确定性，增加自信。永远不要停止提问！
你会在把时间花在本可以很简单的任务上吗？
是
尽早检查
否
你会经常因为项目做得不对而必须推倒重做吗？
是
尽早检查
否
在不知道怎么做的情况下，你会被分配任务吗？
是
检查你自己的假设
否
你会接到完全没有任何操作解释的项目吗？
否
表示感谢
是
你经常对你应该怎么做感到不确定吗？
是
挑选时间和地点
否
你认为你的上司了解你知道什么吗？
是
接受风险
否
你跟老板的工作方式一致吗？
是
决定方向
否
当需要做决定时，你缺少关键信息吗？
是
做好准备
否

如果你发现工
作中的某件事
很愚蠢，
去找到其中的
原因吧

MILLENNIALS @WORK

第五章

放眼全局——公司在下一盘很大的棋

你曾经尝试过在没有任何线索的情况下拼图吗？你知道你拼的是什么吗，为什么每一部分都是不可或缺的？如果你满足于目前已掌握的信息——这片是红的，那片是角落上的——它只会阻碍你继续前进的步伐。相反，当你去看拼图的盒子（或你会在工作中遇到的类似指引性信息）时，你会有一些新的想法，（啊，原来这块白的是一片云，不是雪堆！）最后，你会在工作中提升自己的价值。

“我遇到过一些管理者，他们告诉我要做什么，但是却不告诉我做这些对他们来说为什么重要。我意识到，我的上司不需要跟我解释每一个细节，但是对于一些非常重要的任务和项目，了解工作的意义对我来说是非常有益的。我会在完成任务的时候把这些理由都放在心上。”

——布莱恩（千禧一代）

公司就像一幅复杂的拼图，确实很难搞清楚，尤其是第一次接触的时候。

找工作时，你看到公司的招聘页面写着，“无论你经验丰富，或是初涉职场，我们都会为你提供良好的机会，建设成功的未来。我们每年在全世界投资上百万的资金，用于员工的培训和教育项目，培养未来优

对自己了解透彻的人，能更好地控制他们的情感，既能按自身原则办事，同时又有很强的适应性。

秀的领导人。”听起来熟悉吗？不要大意！因为公司知道招聘员工时什么是最重要的。然而，策略家和应聘者比管理者更加了解在工作中你想要什么，需要什么。这才是事实：大多数经理不会像你学校里的职业发展顾问做的那样，帮你把拼图拼到一起（整合零散的信息），不仅如此，你甚至会觉得每一块拼图都被藏起来了，根本找不到。但是，我们会像一个好顾问那样，帮助你从大局出发，完成工作中的“拼图”。

局限思考导致困境

上班第三天，她想延长一小时午休去和朋友逛街。

职场障碍	千禧一代的需求
缺乏经验	更多的机会
理解公司文化	知道怎样做

你知道，我们也知道。千禧一代指出了缺少工作经验是他们每个人工作中面临的最大挑战。它会成为你无法得到某份工作、无法升职、无

把握大局是系统思考的一种比喻的说法。它要求人们不单单从一个方面思考问题，而是要从整体来看待。

法得到认可，无法掌握局面的主要原因。但是等等！你不必对未来丧失希望，职场中的你还是有许多闪光点的。如果你已经意识到了自己缺少工作经验，这就意味着你已经拥有了自我认知的超级力量（天堂的大门向你敞开，金色的阳光照在你的身上）。那些对自己了解透彻的人，能更好地控制他们的情感，既能按自身原则办事，同时又有很强的适应性。最棒的是，如果你能够看到全局，你就更有能力来顾全大局。

又来了一个难题。经营者认为你们目光短浅。因为千禧一代倾向于关注自我而不是他人，所以他们看到你的同事们被一些因果关系所困扰。发生在经营者和千禧一代之间的困扰就是一种目光短浅的表现。双方有着相同的利益目标，但没有意识到一方的所作所为会影响到其他人和整个公司。还好目光短浅对名誉不会造成多大影响，最常见的后果是它会阻止人去换位思考。再举一个例子，你们这一代喜欢极简主义，有时候，受这种价值观影响，你们想要把事情变得更简单。试图将事情变得简单没什么不对，但有时候这确实会给别人带来很大的不便。

缺少对公司文化的了解是千禧一代指出的另一个会影响职业发展的因素。每一家公司，甚至每一群在一起工作的人都会有一个共同的目标，生活在一种特定的文化氛围下。公司文化通常很难定义，人们是通过长时间的观察，慢慢找出两个工作场所之间的不同之处，才得出有关某个公司文化的结论。

在我们的调查中，千禧一代表示，要想了解工作场所内部的文化是很困难的。在你所感受过的一些文化中，你会发现人们没有时间，或者根本不情愿帮助你去更好地了解公司，包括一些故事、惯例、传说、禁忌或象征等这些对公司很重要的文化。

在对一家公司的培训中，我们遇到了这样的案例。

> 这家跨国公司非常成功地收购了一些小公司，它们有着很独特的商标和品牌。在对经营者们的一次培训中，我们注意到一个很大的黑色字母D挂在培训室。休息时，我们走到经理们坐着的地方，其中一位经理是千禧一代，我们问他D代表什么。这位千禧一代的经理回答说他也不知道，应该是挂错地方了。其他经理笑得喘不上气来，就好像这位千禧一代的领导刚刚在教堂放了个屁。之后我们了解到，挂在墙上的这个D是被这家大公司收购的一家公司的商标，在场的大部分经理们都曾经为建设这家公司付出过心血。

你在公司手册、网上招聘页面或者工资单中都不会看到这个大大的黑色字母D，但是很明显，对于公司经营者来说，了解它的由来是非常重要的。这位年轻的经理当时恨不得马上消失。实际上，这种感觉一点都不好玩。试想，一个身着漂亮礼服的女人出现在公司举办的一场鸡尾酒会上，却发现她的女同事们都穿着正装。我们听说过某人在微软公司的一次培训项目中用苹果笔记本电脑演讲。随后他解释道，等等，他根本没有解释，恨不得找个地缝儿钻进去。

从公司角度考虑问题

系统思考

顾全大局是系统思考的一种比喻的说法。它要求人们不单单只从一个方面思考问题，而是要从整体来看。有时，你做的事情给你带来一些严重的后果，但你还是意识不到应该学会顾全大局。虽然如此，你还是需要理解它，这样你会成为一个更好的贡献者。猜猜看，你已经学会了系统地考虑问题，并且从很早以前就一直尝试这样做了：你哭了（原因），有人来安慰你（影响），之后你想开了，不再为此伤心（结果）。

学会系统思考，不需要很多次的经验。实际上，有时候你已掌握的事情会蒙蔽你的双眼。玛格丽特·惠特利——作家兼管理顾问说过："没有人可以告诉我们如何解决遇到的问题，相反，承认自己无知才能找到解决方法。我们必须甘愿放弃我们熟知的一些东西，并且祈求在有时候可以陷入迷茫。"作家艾琳·彼得说过："要是你不感到困惑，说明你没有清晰地思考。"当你从整体角度来看问题的时候，就必须主动放弃舒适的状态。毫无疑问，你可以做到这一点。

系统思考这一方面最著名的观点来自彼得·圣吉。他认为，把握全局需要我们放慢速度，通过"关注一些带有戏剧性且微妙的东西"，来学会观察循序渐进的过程。你不得不成为一个一流的观察者。因为

有时，你真的非常容易因为专注于思考某些戏剧性的细节问题，而忽略了一些能够帮助你把握全局的事情。

有时，你真的非常容易因为专注于思考某些戏剧性的细节问题，而忽略了一些能够帮助你把握全局的事情，就像下面我们遇到的这位大学生一样：

> 一些专业人士在白天工作，在晚间上课攻读商业学位。一天晚上下课后，一名正处于两难处境的学生找到老师。她在一个声誉很好的跨国公司工作，这个公司因培育出源源不断的领导人才而出名。她是一个27岁的单身母亲，有个年幼孩子。经理的老板邀请她参加公司的领袖训练营。但她的经理试图说服她不要去。他说他有一个将要到期的大项目，需要她的帮助，而且他知道，她会做出正确的决定。她信任课程的教授，她也需要她的工作，做出错误的决定而失去工作是她不能接受的。因此她的老师让她思考四个问题，并在下节课给出答案：
>
> 为什么是你经理的老板邀请你而不是你经理呢？
>
> 你的经理符合培育人才的企业文化吗？
>
> 如果你不去，经理的老板会怎么做？
>
> 哪个选择对你来说更困难，去还是不去？
>
> 看到第一个问题，她不明白为什么她的经理不邀请她。她

一个快速克服目光短浅的办法就是知道你想要什么，需要什么，思考着如何去影响公司里的其他人——比你将要知道的多得多。

问公司里的其他人："自己的上司不鼓励员工加入领导阵营，是一个很常见的现象吗？"结果她发现这并不常见。对于第二个问题（公司文化），她说他并不是一个好经理，好几个人都在找机会从该部门跳槽。第三个问题的答案她不是很确定，但是一想到她不会再得到邀请了，如果答案是不，她可能会因此丢掉工作。对于最后一个问题（哪个决定更加难做），她说道，短期之内，她不会选择离开。然而想到长期发展，她说她不会原谅自己没有把握住机会。

她决定冒着会惹经理生气的危险，加入领导训练营。这对她来说是不可思议的事！经理对她的选择很不开心，但这不重要，因为不久经理就被解雇了。不仅如此，经理离职一个月之后，她晋升为经理。

你是很重要，但仅仅是一小部分

我们已经谈过自知之明的重要性，现在应该了解他人以及公司是如何运作的。一个快速克服目光短浅的办法就是知道你想要什么，需要什么，思考如何去影响公司里的其他人——将会比你（和他们）将要知道

"为什么"三个字既可以很高尚又很刁钻，因为它被认为是一种挑战，又可以看作挑衅。老一代叫你"为什么一代"是有原因的。确保你的"为什么"问题是出于好奇，而不是不情愿。

的多得多。你越了解整个局面，就越能轻易找到属于自己的位置。要去思考所有的部分，试图弄清楚他们如何结合成一个整体。

保持好奇心

好奇虽说能害死猫，但对学习却至关重要。请对你的工作环境保持好奇心，也要对他人的工作感兴趣。公司中他们适合什么领域？你的工作如何影响他们？他们的工作又如何影响你？他们喜欢自己的工作吗？有什么值得你从他们身上学到的东西吗？记住，在他们身上，有许多没有写下来但却很有价值的东西。在大多数情况下，他们不会主动接近你，因此你必须努力去参与他们。尽力将你身边的人看作导师，或者，用拼图的比喻来说，他们就像拼图盒子的盖子。

对你所在公司的文化保持好奇心

费斯·波普恩是一位作家，未来主义者，她创造了这个短语"感知文化"。她将此定义为"尽可能地感知更多的文化——感受整个世界。形成一种特殊的感知力去感受将要发生的事。"换句话说，如果你公司的商标是一个巨大的绿色"S"，那就问问为什么会议室里有一个黑色的大"D"。感受公司文化可以帮助你理解许多微小又重要的东西，例如，当只有一个问题的时候人们很少会从大局出发，就像把每一片拼图第一次就放在正确的地方，你也许不会一次就成功。

谁去负责制度记录，怎样的穿着才能显示出特定的工作职能，什么时候在会议上发言，去哪里寻求项目上的帮助。

对你的工作保持好奇心

你的工作有什么影响？当你完成工作时它又会何去何从？为什么你的工作会以这种方式来进行？顺便说一下，“为什么”三个字既可以很高尚又可以很刁钻，因为它可以被认为是一种挑战，又可以看作是挑衅。老一代称你们为“为什么一代”是有原因的。确保你的“为什么”问题是出于好奇而不是不情愿。在你问出有深刻见解的问题之前，多和值得信任的朋友或亲人交流“为什么”，最好是与你不同年代的人。

五个“为什么”

回顾过去是更好地理解现在发生状况的一种常用方式。五个“为什么”也可以帮你在顾全大局的时候找到答案。然而，往往是第一个“为什么”就决定了你探索某个具体的问题起始点。我们记录了一个父亲和他21岁的儿子之间的真实对话：

儿子的车停在屋前，挡风玻璃上贴着一张罚单，父亲想知道这张罚单怎么来的。

第一个为什么：儿子，为什么你的车上有一张罚单？

回答：因为街道的清洁工周四会来，而我本来没想过周四会把车停在路上。

第二个为什么：为什么不把车开进车库呢？

回答：因为车库里没有放车的地方。

第三个为什么：为什么车库里没有放你的车的地方呢？

回答：因为我还没把放在那儿的桌子移进我的房间。

第四个为什么：为什么你还没把它搬进你的房间呢？

回答：因为它太重了，我自己做不到。

第五个为什么：为什么下一次你的朋友来做乐队练习的时候不让他们帮你呢？

回答：好主意，爸爸，我能和你借50美元付罚款吗？

当只有一个问题可以问的时候，人们很少会从大局出发，就像尝试把每一片拼图第一次就放在正确的地方，你也许不会一次就成功。不幸的是，很多人在第一个问题以后就会停下来，所以这限制了他们的行为选择。参与我们这项研究的管理者们说，千禧一代的很多错误都是没有考虑行为的后果所造成的。多种选择对创造机会是很重要，但是真正的天才是能够预见自己的行为后果的。行动之前仔细思考的一个好方法就是结果思维游戏。我们会教你怎样玩这个游戏。

结果思考游戏

我们讨论过你们为何衷爱解决问题和运用创造性思维技巧，你们一定会喜欢这个游戏的。我们将采用哈佛商业评论的研究案例，其中包括一个名叫乔治的千禧一代。乔治向他的经理提出了一个营销方案，但是经理却一直不予理睬。为此，乔治心情很失落，想着能和经理的上司见面，谈谈这个想法。在乔治做出任何冲动失控的事情之前，我们建议他去想想这种情况下的三个可能选择，我们设想下面是乔治想出来的主意。

1. 我会和经理的上司分享一下我的观点。

2. 给经理两个多月的时间去安排会面。

3. 询问经理为何还没有进行安排。

接下来，我们会让乔治三选一。他决定去会见经理的上司，因为他认为自己的意见很有建设性，迫不及待地想让上级听。一旦他做出自己的选择，就要考虑到自己这样做可能带来的三个后果。以下是这三个可能的后果：

1. 经理的上司很喜欢我的建议，并提拔我。

2. 经理的上司可能会问我，为什么不跟经理交流这个看法。我会说："我试过，但是经理认为我为了自己的利益让她付出了代价"，我不会得到提升。

3. 经理的上司认为这个想法很愚蠢，告诉我不要再浪费他的时间了。

接下来就是问乔治是否能接受他列出的所有后果，如果他的答案是能，那么他清楚这些决定可能带来的后果，准备好接受发生的任何事情。如果答案是不能，我们就会鼓励他回头做一个不同的选择，继续列出三种以上可能产生的后果。这个结果思维游戏能帮助你思考行动的后果。

本章回顾

· · ·

所以，基本上就是“如果工作中的一些事情看似很愚蠢，找出这件事的根本原因”。看起来很容易，是吗？但是，当我们不知道它背后的理由时，我们的本性往往是去批判，而不是试图去理解它。后退一步，我们就可以更好地把握全局，将“不合理”背面的“原因”拼凑到一起。

做到以下几点，就能在工作中顾及整体：

1. 把你的工作看成一个整体，而不是那些毫无关联的部分的集合。

2. 认清你在整体中扮演的角色。

3. 有好奇心，并且保持着好奇心。多多探寻和了解你的公司及其内部的文化。

在信息采集的过程中，你要明白“五个为什么”和“结果思维游戏”。这些工具可以帮助你更好地了解公司内部运营，让你更清楚地了解自己在公司中扮演的角色。

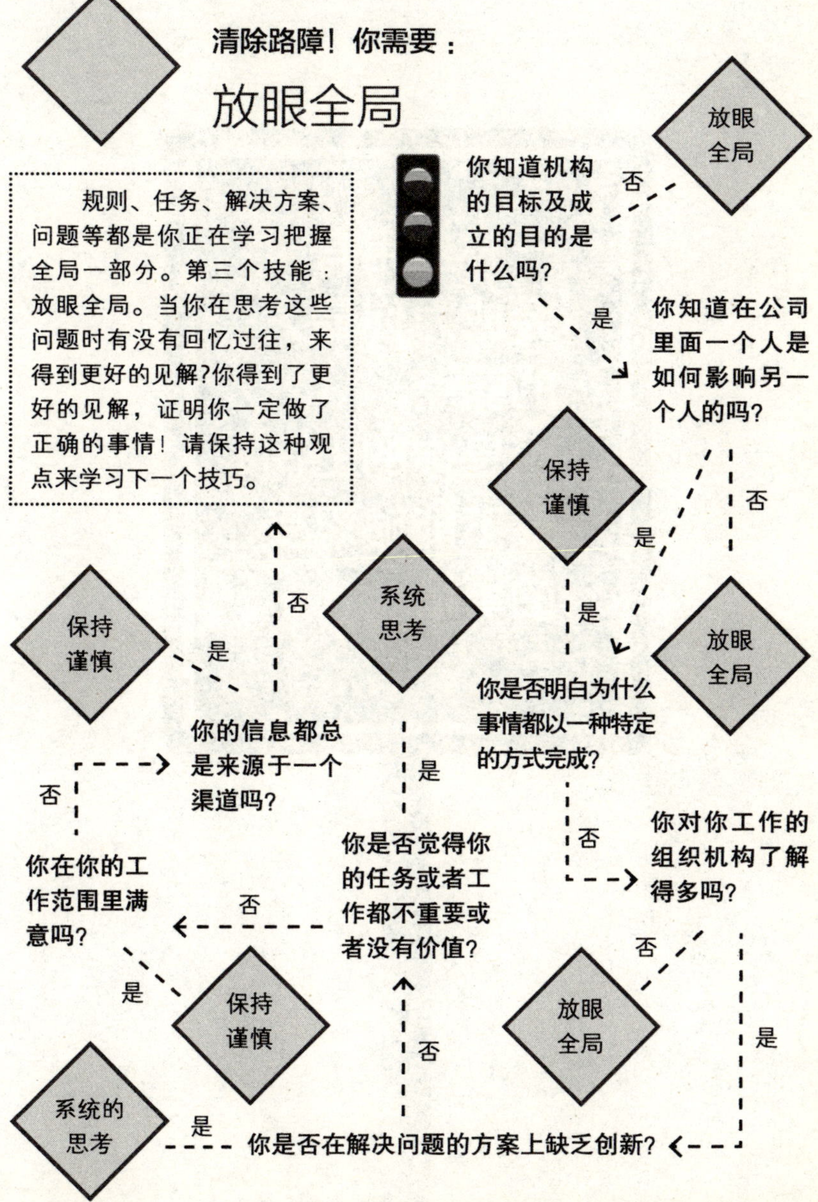
清除路障！你需要：
放眼全局
规则、任务、解决方案、问题等都是你正在学习把握全局一部分。第三个技能：放眼全局。当你在思考这些问题时有没有回忆过往，来得到更好的见解？你得到了更好的见解，证明你一定做了正确的事情！请保持这种观点来学习下一个技巧。
你知道机构的目标及成立的目的是什么吗？
否
放眼全局
是
你知道在公司里面一个人是如何影响另一个人的吗？
保持谨慎
是
否
放眼全局
是
你是否明白为什么事情都以一种特定的方式完成？
否
你对你工作的组织机构了解得多吗？
否
放眼全局
是
你是否在解决问题的方案上缺乏创新？
是
系统的思考
否
你是否觉得你的任务或者工作都不重要或者没有价值？
否
你在你的工作范围里满意吗？
是
保持谨慎
否
你的信息都总是来源于一个渠道吗？
是
保持谨慎
否
是
系统思考

一心多用有时
会成为你最大
的弱点，
也是你的上司
最不能够忍受
的事情

MILLENNIALS @WORK

第六章

学会专注——让手机休息一会儿

千禧一代极其擅长用手机发送短信和邮件，不断更新状态。但别忘了你的老板对这些让人分神的铃声和震动可不怎么感冒。你认为在工作中能够一心多用是优点，实际上，这也会成为缺点。如果你发现自己能同时做27件事却无法专注于一件事，这对于你和你的上司而言确实是个大问题。

最让我分心的是手机。每五分钟就会有些消息，工作的时候手机响了，我立刻拿起手机回复，一分钟也不耽误，但是回到工作时就一点心思也没有了。至少需要10分钟才能回到正轨，然后手机又响了。所以我决定工作的时候将手机上的一切通知都关掉。现在我在休息时间或者两项工作之间才查看手机。这是我为自己做的最感到解脱的一件事。我意识到，我必须遵循任务清单，从一开始就坚持，而且中间不因为不停响起的手机而分心。

——罗斯（千禧一代）

科技也会浪费时间

“我知道会议很无聊，但我还是雇了史蒂夫·斯皮尔伯格（《侏罗纪

你可能不喜欢这部分，因为你认为一心多用是你在工作中的优点之一，但其实它是你最大的缺点之一。

公园》的导演）为我制作PPT，就是为了让他们抬头，不再看手机。”

你们是一心多用的一代人。千禧一代有能力和18位朋友同时联系。只用一只手，在吃饭的时候、堵车的时候，甚至是在我们写下这句话的时候，你可能已经发了两条微博、四条短信，更新了你的状态。但是你的老板却认为这没什么了不起。事实上，管理者和领导都认为这是你们这代人最大的缺点。我们知道，千禧一代对每天所做的事情（他们自己认为完成的事情）感到满足，我们并不是要剥夺你“本年度多面手”的奖励，而是要向你展示具有重要价值的智慧法则，帮助你在工作中享受快乐，取得成功。你应该知道什么时候要专注，什么时候应该避免一心多用。

之前我们在书中提到过，如何解释一个人的行为，感知角度非常重要，老板可以承认你精通科技，但潜台词却是：你思想不集中，容易分心。他们认为，这些分心的事让你无法注意细节，无法集中精力工作。不仅如此，老板甚至也不能让你长时间放下手机和你谈论这件事。你一心多用的技能在职场中看起来值得骄傲，但老板对“忙碌”的理解却与你大不相同。不停滑动手机屏幕，同时兼顾几种任务也许让你感觉颇有成就，但老板却暗自纳闷，你是否因为无法专注，才想要拼命跟上一切。

即使情况并非如此，你也需要明白，感知在关系中的角色有正确和非正确之分。在这方面取得成功，你需要首先弄清楚他人的感知（尤其是老一代人），然后改变你的行为，这样能够避免为上一辈人的成见授以口实。

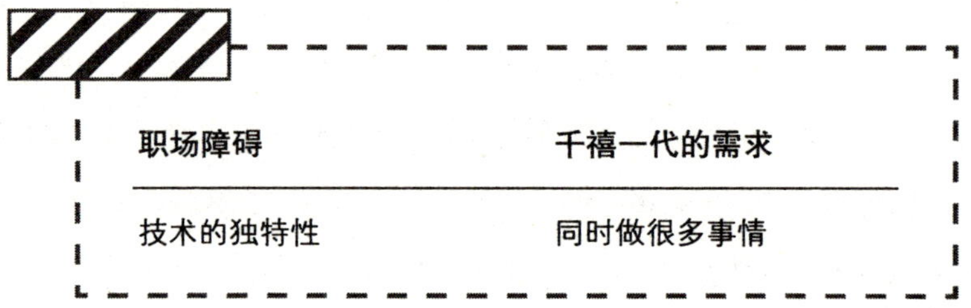

职场障碍	千禧一代的需求
技术的独特性	同时做很多事情

老板认为你和你的同事无法专注，这在意料之中。而你将其归咎于他们不理解你能够一心多用。千禧一代相信，因为他们掌握科技，获取信息更快速，因此可以比老员工做得更多。

大脑不会一心多用

“我在早晨等咖啡时查看了工作邮件，然后付了两个账单，更新了朋友圈。”我们其实不想用接下来的论证来伤害你的感情，然而科学是残忍的，因为它说的是事实。50多年的认知科学和关于一心多用的具体研究表明，一心多用之人的成就更少，因为他们经常错过重要信息。怎么会这样？你觉得自己是个例外？但是科学会告诉我们一切。

如果你已经喝完咖啡，关掉了手机，那么仔细看看下面这些事实：

在全神贯注工作的情况下，如果注意力分散，大脑需要18

分钟才能重新回到工作状态。

习惯性地频繁查看邮件的人，智商测试得分比吸了大麻的人还要低。

一心多用的工作效率比高效专注一件工作的效率低40%。

一心多用会抑制长期记忆功能和创造力。

当被迫一心多用的时候，超负荷的大脑会停止海马区域（负责记忆的区域）的工作，切换到纹状体（负责日常工作的区域）。因此，当你一旦完成一件事，再学习新的资料，或者要记住你手头上的事情，就变得非常困难了。

一心多用实为自欺

有人说，我们一心多用是因为不得不这样，我们很忙；还有人说，想不出有其他方式度过每一天。但是科学证明，我们一心多用，是因为这让我们感觉良好，一心多用使我们相信可以做更多的事情。堪萨斯大学认知心理学系副教授保罗·阿雷指出，我们渴望不断获得信息，因为信息使我们感到舒适。这些使人舒适的信息意味着电脑、手机和其他设备大部分时间都在运行。我们似乎离不开它们不断的更新、状态、点赞和聊天。

阿雷进一步解释说：“我们的大脑喜欢强烈地回应社会信息，不管是否以口头形式。提高社会地位和扩展认知对我们非常重要，因此，帮助我们完成这些事情的信息常常会被自动处理，不管我们是不是在关注别的事情。”他的意思是说，不管你是否有意打断工作，你都没有什么选择的权利。不管你如何努力集中在你手头的工作上，你的大脑都会忙着注意到你朋友的推特。这就是为什么我们需要在专注工作的时候减少（可以的话要排除）干扰。

一心多用的低效本质

“虽然我们的大脑有数十亿个神经元和万亿的连接，但可悲的是，一心多用并不存在，至少不像我们想的那样。我们其实是在任务间切换。”阿雷说道。比起一次做多件事情（也就是我们所说的一心多用），大脑只选择它处理的信息，并从那里开始。例如，当你谈话的时候，大脑的视觉皮层就变得不再活跃，也很少参与。你如果打电话的同时又在回想今天会议上的数据，会发生什么呢？你对于谈话的内容听进去很少，因为大脑已经转换到需要视觉资源的工作中了。

卡耐基·梅隆大学的马塞尔博士测试了大脑同时做两件事情的能力。描绘大脑在专注一件工作时和一心多用时的活动，他表示，人们试图同时做两件事情的时候，大脑整体活跃度就会降低。

想想你在免下车餐馆吃汉堡的时候，还记得你排队点餐时面前的荧光灯吗？这灯光闪烁，劈啪作响，然后再次亮起，然后继续闪烁，重复着让人厌烦的循环。其实，这就是你要求大脑快速在任务之间转换时大脑的运作状态。闪烁、迸发创造力、闪烁、迸发焦点，明白了吗？大脑试图通过一心多用来满足要求，但是不能同时做相似的多种工作。它必须选择一项任务，收集设备和资源投入其中。大脑安定下来准备好开始工作——吱吱、叮叮。大脑注意力又开始转移。让人筋疲力尽的循环继续着，每一次转移都降低效率。但是，千禧一代却宣称自己一天能完成许多事情。

斯坦福大学的认知学家克利福特·纳斯和伊尔·奥菲尔想弄明白大学生一心多用的习惯是否会产生积累或延迟的效果。他们观察的学生表现出“任务重、窗口多、一心多用”的情况，考虑到测试方法在学校和工作中的可行性，科学家让学生通过一系列设计好的测试来检验他们不一心多用时的认知能力。参与者承认，一定时间内会在任务和目标中分散注意力，但是他们坚称，当需要集中精力的时候，他们完全可以做到。纳斯和奥菲尔对此持有怀疑，纳斯说，他们的发现令人大吃一惊。

测试证明，一心多用的人不能区分相关信息和无关信息，这本该是一个高功能的一心多用者所擅长的，对吧？但事实证明，该组中一心多用的人表现出心理组织技能下降，很难在任务之间实现转换，纳斯将这时的记忆功能描述为“草率”。另外，研究表明，参与者转换工作会产生应激激素脉冲，这是由不断到来的信息触发的。纳斯坚称，这些结果确实是一心多用的副作用。在随后的研究中，他进一步发现，高度一心多用的人比很少一心多用的同伴有更多的社会问题，也许是因为他们没能关注到别人。

大卫·梅耶是研究注意力、分心、一心多用的领先专家，他这样解释道：

“大脑通过各种单独的‘渠道’处理不同的信息——语言渠道、视觉渠道、听觉渠道等。每种同时只能处理一系列信息。如果‘渠道’负荷过多，大脑会变得效率低下、容易出错。经典例证就是开车的时候打电话，两项任务在一些很明显渠道上相互矛盾：驾驶和拨号都是手动的工作，透过挡风玻璃向外望去和阅读手机屏幕都是视觉任务，等等。即使是免提通话也是危险的。”他说，“如果电话另一端的人在描述视觉画面——一个放着各种家具的房间布局，对话便会占据你的视觉通道，削弱你观察路况的能力。”

梅耶补充道：“把这些不断的小转换中的漏洞加起来，不久你就会损失许多思维精力。”理论家琳达·斯通将一心多用定义为“持续的部分关注”。她认为，员工通常坚持一项单独的工作不超过几分钟，没有被打断的时候，人们便找到方法打断自己。斯通报告说，大的干扰约需要消耗25分钟的生产力，这意味着一天将近三分之一的时间花在从分心状态恢复中。她估计，办公室职员的电脑屏幕一天打开8个窗口，来回切换平均需要20秒。听上去熟悉吗？任务切换和翻页的快速增长致使《美国精神病学杂志》将“网络成瘾综合征”添加到了精神疾病诊断和统计手册中。

四种专注力/精力模式

20世纪90年代，商学教授海克·布鲁奇和后来的苏曼德拉·戈沙尔对精力和专注力做了深入研究，并研究了二者与人们生产力的关系。他们的研究产生了我们经常参考的模型——专注力/精力矩阵。下面的图表展示了教授的发现。图表的每一部分或者每个区域都表示员工不同水平的专注力和精力。看看你自己能不能对号入座。

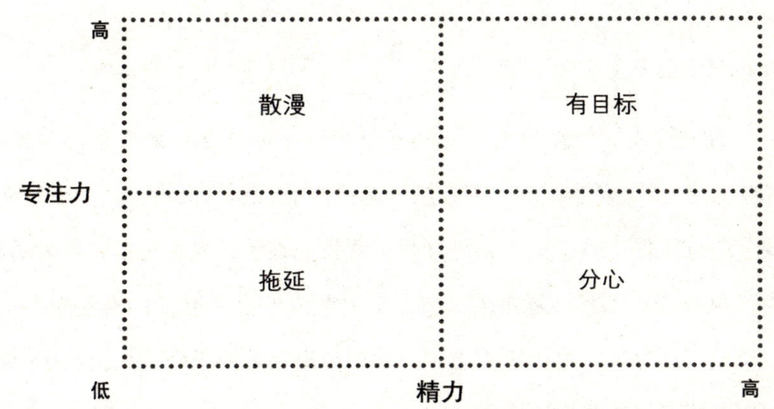

拖延症（低精力/低专注力）

在你终于把所有要洗的衣服都堆在一旁之后，看看这些数据：拖延者占劳动力的30%。虽然他们通常执行了要求的任务——开会、回复消息等。但他们很少主动去工作。大多数拖延者需要不断的关注、催促、提醒，还有唠叨。这里有一条建议：不要成为这一类人。

散漫症（高专注力/低精力）

20%的员工属于此类。高专注力/低精力的人只投入单一的事情中，一次只完成一项任务。如果给他们多种要求，或者在他们的任务列表中增添额外的项目，他们会感到不知所措。

伴随着低精力水平，散漫的员工比同事更容易筋疲力尽。这种情况下，一个人可以专注地做一件正确的事情，但是缺乏一直忙于工作的精力。

分心症（低专注力/高精力）

目光短浅、过度投入、充满善意（研究参与者中最高比例群体占40%）。大多数人属于这一类。如果这些特征听起来很熟悉，要么是你，要么是你工作中认识的人容易分心。项目完成了，但不是尽到最大的努力，也没有达到预期承诺的结果。有时候人们会希望工作看起来很忙，这类员工就陷入了这种压力之中，承担超出实际的工作，让自己保持看起来有很多事情要做的样子。

目标明确者（高专注力/高精力）

目标明确的员工是比例最小的一部分人，仅占10%。他们不仅在危机时刻保持专注和活跃，而且在事情尘埃落定之后依旧如此。时间和精力被精心计划和分配，避免分心。比起集中精力检查表格或者来回翻阅任务列表，他们的关注的是整体结果和成就。这些员工擅长减压，能有效地平衡工作、爱好及外人的兴趣。与其他三类人不同，这种人迎接新的机遇，积极追求新的目标。还想要免费的建议吗？努力成为这类人中的一分子吧。

培养专注的工作习惯

每一天，在世界的每一个地方，都有各种各样的工作进行着。有些工作需要回应要求，有些工作需要解决问题、扩散情况。其他工作取决于与人交流，还有工作要求新事物的创造。研究表明，在要求创造力（大脑的一种高级功能）的这类工作，分心会大大降低工作的整体质量。知道什么时候从工作中避免分心，你才能集中精力，也会在重要的工作和交流中全力以赴。

千禧一代在一心多用的环境中长大，如何能够突然间学会全神贯注呢？首先，从减少对Facebook的依赖开始，几分钟、半小时、几个小时，也要执行下面这些有用的建议。

分类并划分优先顺序：专注性工作和回应性工作中不同的行动

不是你一天中做的所有事情都需要高度关注，有时候，回应要求的同时完成任务，比使用新学会的专注技巧更为重要。但是你应该清楚，什么情况需要什么类型的工作。将工作职责划分为专注和回应两种可以帮助你：

专注工作　顾名思义是需要集中精力的工作。把专注工作想成是为了完成一项大任务做一系列决定时发生的情况。专注工作的例子如下：

专注工作：

____

____

____

____

____

____

____

____

____

____

回应工作：

____

____

____

____

____

____

____

____

____

____

专注工作
• 问题解决：预测、供给链、预算、策略、细致的汇报 • 写作：画册宣传品、页面文案、新闻发布、电子邮件广告、建议、评论 • 设计：图形、网络建设、商标、营销活动、新产品形象 • 创造：观念创新、原型设计根据需求调整产品、营销策略

你的任务列表中有像这样的工作时，请把手机放到一边（静音）退出电子邮件程序。处理必然出现的中断时，问问自己能不能稍后回复，利用指导明确需要优先处理的情况。记住，通过摆脱控制范围之内的干扰，你可以避免成为自己最可怕的敌人。

回应工作 回应工作是允许做出回应的。比如"网络房子的虚拟大门是开着的，可以进来"，这种工作允许中断和分心，因为它不需要严格的注意力，可以把回应工作想成是做单一的决定，比如将电话转接到正确的部门。回应工作的例子有：

没有人能一天24小时都在集中精力，但是你必须学会管理和控制自己的能力，做到该集中的时候就集中。

回应工作
● 监控：监督研究或者实验、测试、安保 ● 加工：编程、运行报告、更新系统 ● 数据导入：导入指令、地址、回复等 ● 接待：接电话、回答问题、收发邮件

这种情况下，工作的时候可以开个小差。不要找借口，认为你的工作属于这个范畴，但是允许自己对短信、即时通信、电话及其他与工作时不分心的人交流的机会做出回应。如果整个早上你都埋头于一个大项目，重新回到工作之前，你需要休息把注意力转移到一些轻松娱乐的或个人的事情上。

安排不分心的时间用于专注工作

专注工作最大的挑战不是它需要花费时间，而是分心让你停止、开始、停止、开始。事实上，当干扰信息（比如大厅里听到熟悉的声音或者手机突然收到短信）打断专注的工作时，大脑在你之前就意识到了干扰。即使你只是盯着手机看，没有回复信息，也已经迟了。当大脑意识到朋友的声音或者收到的短信，你的精神便已不再集中。注意力的不断转换会阻碍完成优秀、具有创造性的工作。

没有人能一天24小时都在集中精力，但是你必须学会管理和控制自己的能力，做到该集中的时候就集中。你的注意力来回改变，原因是你的心理健康和放松取决于此。因此，了解你的工作什么时候需要集中精力，在安排时间尽可能摆脱干扰。

给千禧一代的一心多用者的建议，就是让人们知道，你会在专注工作上花时间。这包括通知你的同事，还有你Facebook上众多的粉丝。然后开始处理任务，每次只完成一项任务。坚持清单上的第一项任务，直到完成为止。如果你发现注意力摇摇欲坠（平均时间不长于20分钟），那么进入下一个商业项目。写一个便笺，或者给自己发个信息，知道在哪儿停止，这样下一次你就知道该从哪儿再次开始。注意力恢复的时候，对下一项任务全神贯注。然后，尽可能长时间专注于手头的事情。

也许我们能给的最简单的说明就是：100%专注手头上的工作直到完成为止，然后进行下一项。为了在要求集中精力的工作中取得最大的进步，计划好不会分心的时间，完成项目。减少分心（少看视频），集中精力完成工作。

没有干扰的时候经常交流沟通

现在，决定在没有干扰的情况下开始交流了吗？研究表明和别人交流的时候发短信、浏览网页或者做些别的事情会影响你参与的能力，更不用说理解谈话。事实上，一所大学的研究证明，在口头交流时发短信会降低一个人的理解能力，甚至低于喝醉的水平，在一些情况下，等于根本没有参与谈话。

试着回忆上次你和别人谈话的时候，他们边说话边玩游戏或者网购意大利皮靴。你问过他们是否在听吗？如果你不得不重复一遍，或者两遍，你对别人的印象会是什么样呢？这就是为什么在工作环境中要清楚什么时候集中精力是重要的。你让老板重复一遍昨天战略会议的问题，只是因为你忙着发关于昨晚手提袋晚会的短信，你会给他留下什么样的印象呢？不会很好，是吧？

给你自己（你的同事和事业）帮一个大忙。当你和别人沟通的时候，只管沟通，不要发短信，不要玩推特，不要更新状态，只是沟通。

练习会使其变得简单，你也会避免给和你交流的人留下不好的印象。

如果你需要一个坚实的理由不分心而顺利沟通，这样考虑：如果你没有专注于交谈，而且没有注意别人跟你说的话，这实际上是使你自己陷入了一个单一刻板的语言环境。不知道这会让你感觉如何，但我们的观点是，没有什么比在你意识到自己的刻板印象之前就被定型更糟糕的了。

本章回顾

· · ·

有时一心多用是你最大的劣势，是老板最大的忌讳。虽然你认为多个电脑窗口能帮助做更多的事情，老板却有不同的看法。你说是“高效”老板说是“分散精力”。

科学表明，一心多用并非真实存在。至少不是像我们认为的那样，大脑确实不能处理一心多用要求的不断转变注意力，研究证明我们试图同时做许多事情的时候，工作效率会受损。解决办法是什么？清楚什么时候集中精力。运用技能的关键包括：

- 分类并划分优先顺序：专注工作和回应工作中不同的行动
- 安排不受干扰的时间用于专注性工作
- 沟通时排除外界干扰

专注力/精力矩阵提供了一种方法确定在什么地方集中精力以及工作时的精力水平。努力做到高专注力/高精力的那一类人，仔细分配时间和精力，避免干扰。

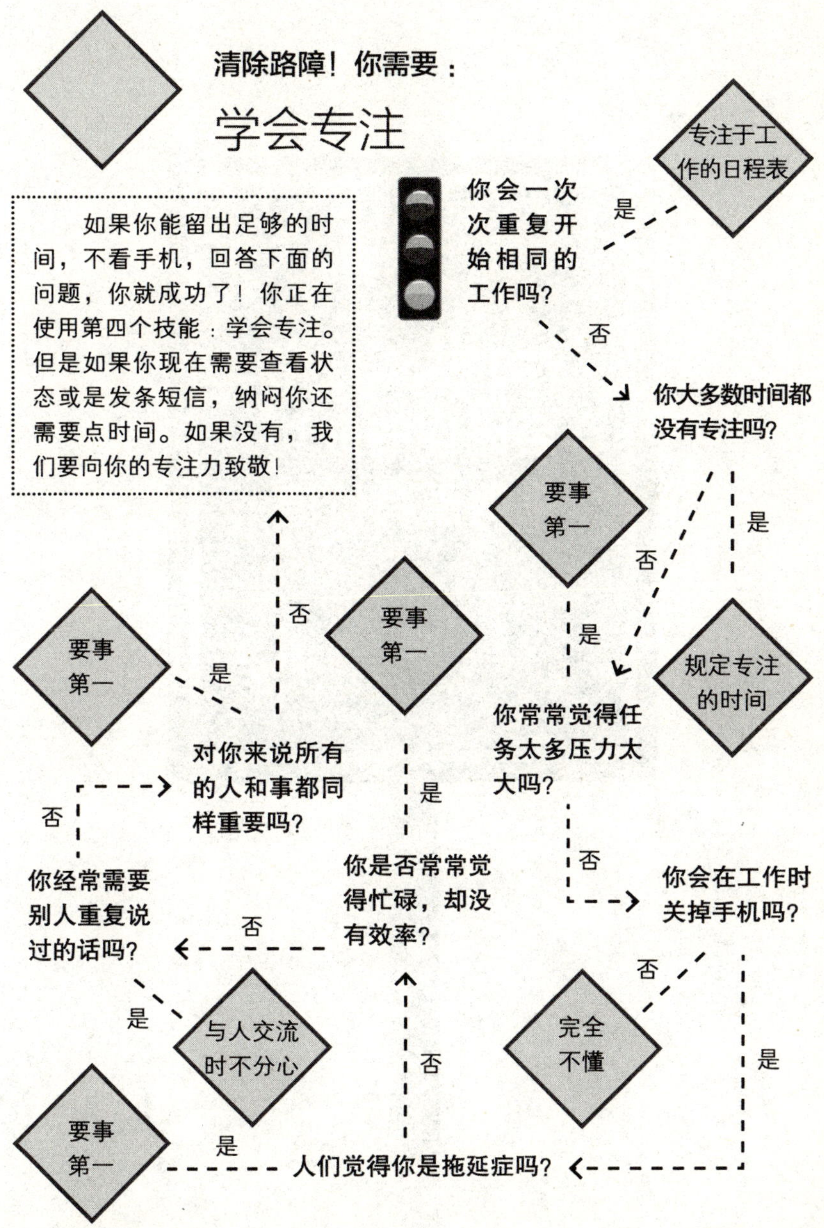
清除路障！你需要：
学会专注
如果你能留出足够的时间，不看手机，回答下面的问题，你就成功了！你正在使用第四个技能：学会专注。但是如果你现在需要查看状态或是发条短信，纳闷你还需要点时间。如果没有，我们要向你的专注力致敬！
你会一次次重复开始相同的工作吗？
是
专注于工作的日程表
否
你大多数时间都没有专注吗？
是
规定专注的时间
否
你常常觉得任务太多压力太大吗？
是
要事第一
否
你会在工作时关掉手机吗？
否
完全不懂
是
人们觉得你是拖延症吗？
是
要事第一
否
你是否常常觉得忙碌，却没有效率？
是
要事第一
否
你经常需要别人重复说过的话吗？
是
与人交流时不分心
否
对你来说所有的人和事都同样重要吗？
是
要事第一
否

你的失误经常
会比你的成功
来得更有价值

MILLENNIALS @WORK

第七章

寻求反馈——激励可以源自很多方面

勇敢地去面对吧。学生时代的参与奖并不足以为当今竞争激烈的工作环境做好充分准备。如果你的教练和父母对你每次参加少年棒球联赛都坐冷板凳不闻不问的话，你可能会不太适应上司对你的表现进行赤裸裸的评价。但是如果你不愿意去接受建设性的批评指正，也不把它当作提升自身的途径，那么你将与某一职位上能够帮助你的人渐行渐远。当你去寻求反馈的时候，就证明你愿意去学习。那么回报是什么呢？你的事业发展会加快，并在其中学到很多有价值的东西。

"曾经在一家公司，我被老板忽视了三年多。我也做过一些除了批评什么也没有得到的工作。批评性的反馈不一定都是苛刻的，但是如果你做得不好，却被告知做得很好，这比听到一些逆耳的反馈还要糟糕得多。承认我们都有一些需要改进的地方，并不会伤害我的自尊。"

——保罗（千禧一代）

回避反馈引起动力缺失

"你指出他们的错误，他们就辞职！"

千禧一代面临一个极大的障碍：他们不仅得不到及时的反馈，也得不到有帮助的反馈。比起前几代人，你们在一个节奏更快的世界中长大。无论是网上购物、申请工作、订玉米煎饼或者获得贷款批准，你都期待得到及时的反馈。因为千禧一代的思维节奏很快，所以他们经常把得不到反馈视为不被重视——这是一种你超级不适应的感觉。即使你得到了反馈，获得反馈的方式也可能令你非常不舒服（意思是，赤裸裸的没有糖衣包裹）和难以接受。你在不断获得积极反馈的环境中成长，因为你非常重视最终的成果。

是内在的对成功渴望驱动着千禧一代期望被认可。与其说你需要去争取，倒不如说你不能不去争取。不仅你自己有很高的自我期待，而且很多人希望他们在你身上的投资能够得到回报。很多千禧一代的父母曾经付一大笔钱给教练，希望他们的小骄傲和开心果（其实就是你）可以擅长打棒球、投篮球、踢足球、弹钢琴、垫排球、用图形表示句子、识别钝角或者走平衡木。这些投资时刻伴随着不允许失败的压力，因此不难理解，当得到负面反馈时，你会进行反击。

相同的阻碍——即使是一种想要实现愿望的诚实表现——在管理者们看来，是千禧一代的一种自我防御。那些认为给千禧一代提供过有效反馈意见的管理者告诉了我们一些普遍的反应。在面对批评和评价时，千禧一代给人的感觉是生气的、谨慎的、被冒犯的、厌恶的以及不赞同的。很多管理者们宁愿不给出任何反馈，因为这样相对容易，也不愿意让自己陷入接下来会发生的困境中。但是在放弃之前，即使你认为不会获得任何有用的反馈，仍然有一些可以做的事情。

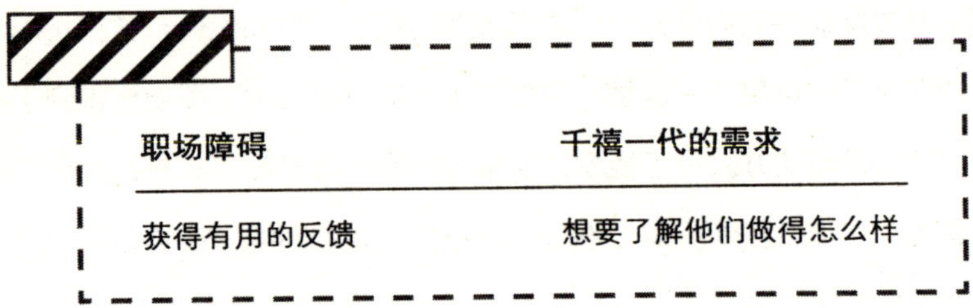

职场障碍	千禧一代的需求
获得有用的反馈	想要了解他们做得怎么样

主动向上司询问意见

回到史酷比还只是一条小狗的年代，那个时候反馈只能由管理者主动发起。当一个管理者有话说的时候，你便得到了反馈。否则，就是没有。很多时候，反馈很容易被个人情绪激发。（通常情况下这对于接收端的人不是一件好事）《一分钟经理人》的合著者肯·布兰查德把这种反馈称为“海鸥管理”。用他的话说，“他们闯进来，对你呱呱叫一通，然后就闪人了。”对于在虚拟环境中远程办公的你们来说，一定记得准备好一个强大的保护伞。虽然远程办公有很多福利，但缺点是，你得不到上司的中肯意见。

幸运的是，在过去的几十年中，人们对于反馈过程的想法有了很大的转变。人们在反馈寻求行为方面做了很多的研究。有关它的观念发生了一些变化，这意味着反馈流程也可以以你作为起点——通常情况下它列在你的计划中，或者建立在你的需求之上。寻求反馈是完全可以为人接受的，尤其当你不是很熟悉某项任务或者组织时。寻求反馈是一种前瞻性的策略，它可以帮助你培养个人能力，改善工作表现，以及提高创造力。

研究表明，当人们征求反馈时，他们会对工作中需要做什么更加清楚和确定。它也能够帮助你了解别人对你的行为的评价。记住，作为千禧一代，含糊不清是你的克星。不清楚你的工作表现究竟如何会给你造成压力，也会严重影响你的生理和心理健康，还有掌控情感和未来工作表现的能力。

我们在第四章讨论过落实细节的话题。当你运用收集细节的技巧时，它能够帮助你了解工作中的种种，比如，期望是什么？成功是什么样子的？我的资源有哪些？首要任务是什么？这种信息收集的方式就叫作反馈流程。征求反馈是一种另类的信息收集模式，被称作表现反馈。它的意思是主动去挖掘对已完成工作的评价，就是你工作的“怎么样”的问题：我是怎么完成的？我怎样才能做得更好？或者，如果你脸皮够厚的话，还可以问“你觉得我怎么样啊”？

这两种反馈可以充当一种压力“控制阀”，以阻止挫败感和愤怒在员工和负责给出反馈的人中产生。研究中的很多千禧一代都被这个问题困扰，“如果一直去寻求反馈，会不会到了某个阶段我的上司会讨厌我？”你最不愿意遇到的就是上司无视你、不理你或者把你晾在一边，琢磨她究竟在想什么。但是你真的没有必要只向你的上司寻求反馈。你的同伴、导师以及其他的员工都是你获得反馈的信息来源。寻找平易近人的，以及在你收集信息的领域很擅长的人。为了个人进步去寻求反馈的人更乐于选择那些具有很强业务能力的人，而不是有权有势的人。

研究表明，努力寻求反馈的人能够更有效率、更快乐地工作，也可

研究表明，努力寻求反馈的人能够更有效率、更快乐地工作，也可以在他们的公司里待的更久，相对于不征求反馈的人，他们具有更好的表现。

以在他们的公司里待的更久，相对于不征求反馈的人，他们具有更好的表现。相反，那些不愿意通过寻求反馈取得提升的往往表现得很差。另外，你表现得越好，你收到的反馈就越多。如果征求反馈能够使你成为一个更优秀的员工，一个更快乐的员工，一个更有价值的员工，那么为什么要犹豫呢？继续吧！去寻求反馈，你将成为摇滚明星一样的明星员工，没错，就是你！

事实上，一个人不愿意征求反馈存在很多原因，其中之一是对于反馈的恐惧感。没有人喜欢获得批评性的负面反馈，即使它最终能够产生好的结果。另外一个原因是，有时候你获得的反馈会让你感到困惑，或者完全不是你期望得到的。这些情况发生在当某个给你反馈的人注意力不集中，很匆忙，或者完全对你的进步不感兴趣的时候。

或许人们拒绝寻求反馈的最大原因是它可能会令人完全泄气和尴尬。但是寻求反馈的优势远远大于坏处。它可以真实地反映你现在工作得如何，它可以进行验证，而且这也表明，你真的很想把工作做好。

我们注意到，表现欠佳的人往往不太愿意寻求反馈。通常情况下，这是因为他们担心给管理者们留下负面的印象。他们担心会被当作缺乏信心或者对他们的能力不够肯定。如果你发现自己是这种心态，可以考

关键是要首先集中精力提高你的能力，而不是证明你的能力。证明自身能力也有其重要性和地位，但是只有在你的能力得到提升之后才会显得顺其自然。

虑在寻求反馈时制定一个清楚的目标。唐·范德望，南卫理公会大学考克斯商学院管理和组织部主席，认为能够驱使人征求反馈的目的有两个：学习目的和表现目的。他是这样解释这两种目标的不同之处的——以学习为目的的人致力于提升他们的能力，而以个人表现为目的的人则更侧重证明他们的能力。

范德望指出，当人们被某个任务困扰或者认为自己缺乏做这项任务的能力时，以学习为导向的那些人会更加努力去征求反馈。他还表示，相比以表现目的为导向的人，以学习目的为导向的人们在遇到不顺心的事情时会更快地去寻求反馈。关键是要首先集中精力提高你的能力，而不是证明你的能力。证明自身能力也有其重要性和地位，但是只有在你的能力得到提升之后才会显得顺其自然。我们会在接下来的第九章为你详细讲解这一问题。

另外一种征求反馈的策略就是密切关注周围的环境，从其他人的行动、谈话、失误和成功中学习。这就是领导力大师沃伦·本尼斯倡导的“做第一流的观察者”。紧密观察就如同顾全大局的技能一样。观察其他人的行为或者暗示或许不会让别人注意到你，但一定能够帮助你提高个人能力，获得工作中的成功。

即使是在他们的岗位上工作很多年的人对于他们应该做什么以及怎么做都有很多疑问呢！那我们从中得到的经验是什么呢？征求反馈时不会因为担心别人的看法而退缩。

寻求反馈的注意事项

既然你现在已经下定决心准备好去征求反馈了，我们想要帮助你缓解其中的风险！让我们来看一下在你征求反馈的道路上出现的障碍吧。

社会期待

达特茅斯学院研究员苏珊·J. 阿什福德，前段时间完成了一篇关于在公司内部征求反馈的论文。她注意到，人们通常在一些重要问题上，陌生或不确定的情形下，或者当他们感到没法达成目标或者期待时，会去征求反馈。另外，在公司或者组织里工作时间长的员工很少征求反馈意见。她认为这种惰性是基于在职员工需要表现出自信时承担的社会压力。阿什福德的研究成果中具有讽刺意味的事情是什么呢？即使是在他们的岗位上工作很多年的人，对于他们应该做什么以及怎么做都有很多疑问！那我们从中得到的经验是什么呢？征求反馈时不需要因为担心别人的看法而退缩。

最后，只有不断征求反馈，收集新信息，以及在自己所学的基础上不断进步的人，最终才能够收获成功。

想象一下，仅仅因为员工们认为他们不能不在同事们面前表现出自信，每天有多少问题没有被解决，工作中出现了多少含糊不清，多少信息被隐瞒啊。不要成为这样的人！这听起来很愚蠢，但是对于你不了解的事情你是不可能知道的，对吧？那么当你想要了解不知道的事情时，还有比提问更好的方式吗？想要知道你工作中做得怎么样没有什么错。相反，这只是你希望做好工作和成功的证明。最后，只有不断征求反馈，收集新信息，以及在自己所学的基础上不断进步的人，最终才能够收获成功。

良好的关系

当你需要什么的时候，比如说，搭车去机场，今天穿什么衣服的诚实意见，或者对某项重要汇报的修改性意见，你会向谁求助呢？你会特意去向跟你最不亲近的人求助吗？还是向一个你信任的朋友，一个亲近的同事或者兄弟姐们求助？显然通常情况下，我们会向我们信任的或者感觉相对亲近的人求助。大多数情况下，当我们征求反馈的时候也是这个道理。有时，你的确也可能需要向某个不太了解的管理者或者部门征求反馈。但是我们可以这么说，惯例是，你会去找你信任的人。

从这里我们可以绕回优化关系的第一项技巧上。因为你已经通过努力了解了你的管理者以及同事，所以当你需要寻求帮助时，你就会得到帮助。现在你意识到建立工作中紧密关系的重要性了吧？鉴于你已经与能够帮助你的人建立了关系，所以你将获得来自你老板更多的信任、时间和更多的投资。

选择最恰当的反馈途径

你还记得之前我们讨论过的将沟通方式与你的上司进行匹配的问题吗？如果他们发短信问问题，那你就发短信回复。如果他们发邮件通知一件重要的事情了，那你就发邮件回复。当然，在寻求反馈时，你仍希望能够尊重其他人偏爱的沟通方式，但这里有一个问题，你是否收到过来自某人的一条即时通讯或者短信，却不能完全确定信息的意思？比如，它会不会是一个玩笑，是一种讽刺，或者，他们是认真的吗？当你不能确定某些事情的真正意思时，是很难判断这就是通过邮件和短信寻求反馈的问题所在。你听不到他们说话的语气，也看不到他们的面部表情，而这些都是能够帮助你获得更多实情的线索。显然在某些情形下，时机的把握比上司眉毛的跳动或者声调的丰富变化要重要得多，因此要通过良好判断来决定什么时候用其他方式去寻找反馈意见。也就是说，在征求反馈时尽量用面对面的交流方式（就像是没有iPad的视频聊天），并把发短信和邮件留到处理相对清晰的事情时使用。

别做读心人，至少不要在工作的时候这样做

每一部言情片都有这样一个熟悉的场景：男孩喜欢女孩，女孩不喜欢男孩。男孩不知道女孩不喜欢她。男孩想要吻女孩。女孩害怕得推开了他。这种时候实在是太尴尬了。男孩喜欢上新来的女孩。第一个女孩

在某一瞬间意识到，她是喜欢男孩的！真的喜欢他！男孩没意识到。两个女孩儿因此产生了矛盾。尴尬又出现了。

当然在工作中，并不像电影里那些设定好的场景那样戏剧性，但是当我们试图去读懂人的思想，并按照我们的想法去完成某个项目或任务时，也会发生类似的尴尬时刻。

卡莉是一位千禧一代员工，下面是她的真实案例：

> 几年前，我到一个广告代理公司实习，担任美术指导。这是我第一次在一个专业的环境下工作，所以我感到非常兴奋，迫不及待地想要展示我在学校里学会了什么以及我能够多么出色地完成工作。我接到的第一个任务就是为公司的实时通讯设计一个模板。我的上司只给了我一些图片进行参考，以及一个完成期限，其他的什么都没有……我必须在毫无指导和样本的条件下独立完成。我当时把这个情况理解成我可以充分地发挥我的创造力。没有人跟我进行核对，我也没有跟任何人沟通过。这真的是很有趣！我用了很多时间在这个项目上，几天之后，我已经完成了5种不同的模板给我上司看。我非常兴奋地想让我的上司看到我的成果，我以为他会对我这么做印象非常深刻。没有人看到过我做的东西。终于到了给上司展示新模板的那一天了，我非常紧张，等待着注定要到来的赞扬。但事实证明，这完全没有发生。
>
> 当我的上司看到我做的模板时，他告诉我，这完全不是他

想要的。我一直问我是否没有理解这个项目，以及为什么没有跟别人核对。我告诉他根据我接到的指令（实际上没有），我已经尽最大努力去做了，我以为这是我的项目。他只说“你为什么不跟别人进行核对？”我顿时感到很窘迫，但是我确实得到教训了。

贴合手头的任务（以及反馈）

试图搞清楚你的上司对你的新领结（稍微有点儿招摇的）或者头发颜色的真实想法简直能够杀死你，一定要确保尊重上司的时间，尽量去问那些和手头工作情况相关的意见。那么你要问了，要如何完成这项工作呢？要确保你已经清楚明白地阐述了手头的任务和情况！这样的话，你们俩在一起的时间对你们都是富有成效的。最重要的是，你可以得到最相关和有用的反馈。

上司的情绪

这就是观察非常有用的地方。留意周围其他人是何时、何地以怎样的方式与上司接近的。例如，如果你想试图了解如何与婴儿潮一代共事，那么70年代的人就是很好的观察对象。想知道什么时候向你的上司阐述你的观点或者征求他们的意见最好吗？那就好好观察70年代的人是怎么做的吧。跟你一样，管理者也是人，也容易被情绪和坏天气影响，他们不会一直按一个套路出牌。这就把我们引导到最后一个观点上——不要太在意某些事情。

不要太在意某些事情

每一代人都因为太在意某些事情而苦恼挣扎！但是你要明白，某人不喜欢你做事的方式并不意味着他们不喜欢你。你的工作职位只是你进行目标定义和自我感知的一小部分，并不是真实的你。有趣的是，我们注意到，接受采访的千禧一代都存在一种普遍的抵制情绪，“我的工作不能够完全定义我自己。”但是我们已经注意到了研究的两面性。我们只能说，要想保持这种心态，说比做要容易得多。

本章回顾

···

“你犯的错误经常比你取得的成功来得更有价值。”一些最伟大的发明——以及秘方——都是从错误开始的！那么将错误转化为成功的秘诀是什么呢？那就是反馈。不幸的是，千禧一代表示，工作中缺少有用的反馈是一件最令人失落的事情。最好的解决方式就是鼓动反馈！如果你的上司不来找你，那你就去找他。

研究表明，当人们寻求反馈时，他们会对其工作表现和职责感到更加确定和清楚。这听起来像是一个会得到不错回报的投资，对吧？研究还表明，寻求反馈的人往往工作起来更开心，也能够在他们的老板身边待得更久。

当然，人们在寻求反馈的时候犹豫是有原因的，例如对于负面评价的恐惧，或者上司对于会面的不感兴趣，但是下面的这些建议能够对你在寻求反馈时有所帮助：

- 管理好会影响你寻求反馈的担忧。不要因为担心人们会怎么想就退缩！
- 首先建立一种良好的关系，然后寻求帮助（还记得建立关系的第一个技巧吧？现在就是你的努力需要派上用场的地方了）。
- 通过匹配的沟通风格选择最适当反馈途径。
- 不要尝试能够读懂你上司的思想，注意观察他们的情绪以等待获得反馈的最佳时机。
- 坚持手头的任务，把反馈限制在相关事务上。

最后，关于接受反馈我们能够提供的最好的建议是什么呢？那就是不要认为是针对个人的。

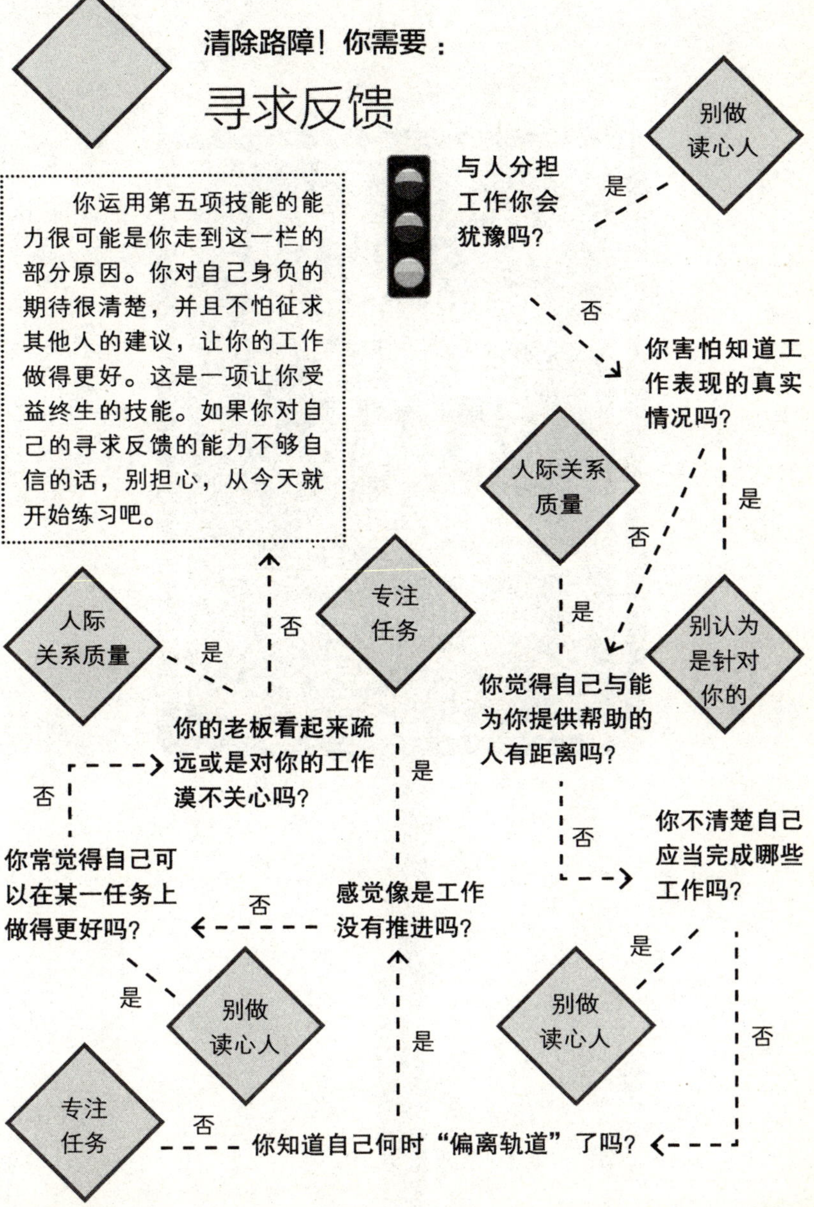

清除路障！你需要：
寻求反馈
你运用第五项技能的能力很可能是你走到这一栏的部分原因。你对自己身负的期待很清楚，并且不怕征求其他人的建议，让你的工作做得更好。这是一项让你受益终生的技能。如果你对自己的寻求反馈的能力不够自信的话，别担心，从今天就开始练习吧。
与人分担工作你会犹豫吗？
是
别做读心人
否
你害怕知道工作表现的真实情况吗？
是
别认为是针对你的
否
你觉得自己与能为你提供帮助的人有距离吗？
是
人际关系质量
否
你不清楚自己应当完成哪些工作吗？
是
别做读心人
否
你知道自己何时“偏离轨道”了吗？
否
专注任务
是
感觉像是工作没有推进吗？
否
你常觉得自己可以在某一任务上做得更好吗？
是
别做读心人
否
你的老板看起来疏远或是对你的工作漠不关心吗？
是
人际关系质量
否
专注任务

努力并不一定
能带来奖励，
只有结果才能
带来奖励

MILLENNIALS @WORK

第八章

承担责任——机会留给靠谱的人

当某件事没有按照预期发生，或者发生了不该发生的事情的时候，或许你的父母和朋友们会放你一马，但是你的同事、上司和客户就很少会在意你的理由了。如果你愿意对某些具体结果负责，你的上司会对你更满意，即使真有小狗吃了你的报告，或者你的车胎真的爆了。你应该知道，在职场中，曾经的努力是可以被遗忘的，因为它只在乎最终结果。当你能够对结果负责的时候，你的举动会为你创造出更好的机会，获得工作中更多的自由度和信任。

一旦你接到了新的任务，就要开始向每个人问无数的问题！没人会讨厌微笑的提问者，但是所有人都讨厌没做好的工作。如果一个方法不好用，那就不停地尝试，直到成功。如果你在一个职位上已经再没什么可学的了，请不要抱怨，向你的老板表示感谢，然后继续开启另一段神奇之旅。

——瑞恩（千禧一代）

公司关心的是结果

“关于千禧一代有两件事我非常确定。第一，他们认为所有的事情都是可商议的；第二，是他们永远能找到借口。”

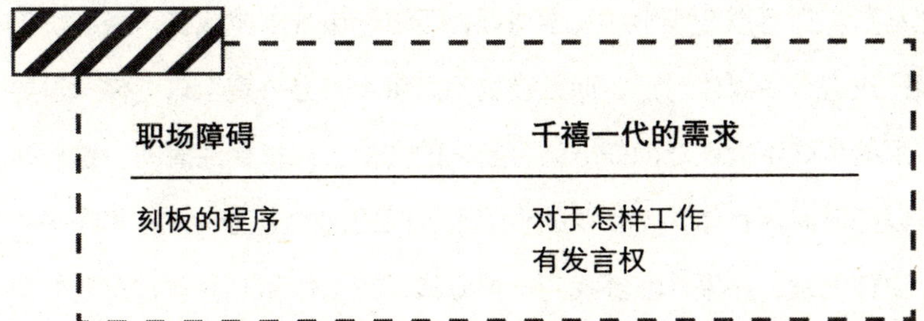

职场障碍	千禧一代的需求
刻板的程序	对于怎样工作有发言权

摆在眼前的是刻板的程序！或许你与管理部门之间产生的第一个冲突就是做事情的方式。即使你找到了更简单、更有成效的工作方法，也没有用。尽管你和别人争论得面红耳赤，但是你的想法和建议还是不会被采用，除非你掌握了他们做事情的方式。

在我们的调查中，管理者反映说千禧一代经常要求改变他们的计划，喜欢质疑，或者完全忽略最后期限，对于运行不好的项目非但不能承担责任，反而怪罪工作团队或者部门。不管这些行为的原因是什么，它们给管理者的基本印象都是：千禧一代不够投入，对工作不上心、不在乎。这种印象会让你生气吗？然而，每一种观念背后都是有原因的，理解这一点很重要。如果我们听到足够多的管理者所看到的和做出的理解，并且随着时间的推移，我们的研究呈现出相同的趋势，那么在某种程度上，我们不得不回过头，看看那些数据和事实。

你们与职场的前辈不一样，工作不能定义你们的身份。工作与私生活之间的平衡对于你们找到工作的幸福感非常重要。你喜欢控制工作的时间和方式，而且，通过以前没有的一些便捷方式来争取时间变得越来越容易了。你可以在线学习大学课程，可以一边洗衣服或者用微波炉热午饭一边进行多媒体对话，而且你也不必每天去办公室上班。你通过寻找将那些可能不太重要的任务结合起来的方法，保护你的时间，这样你就可以把时间用在你认为重要的事情上，因此你的上司认为你不在乎工作。更棒的是，如果你能够找到一种方式，将工作和对你非常重要的生活元素结合在一起，那你已经身在职业生涯的天堂了！千禧一代很重视工作与生活的融合。其实你在乎你的工作，也在意你的职责。但是事实仍然是，千禧一代对于他们宝贵的时间有着非常强烈的保护欲，并且期望得到时间安排上的绝对自由。普华永道公司、南加州大学以及伦敦商学院对全球四万多名参与者进行了研究，探究千禧一代职场灵活性的趋势问题，并对一些重要的研究成果进行了报告：

> 虽然满足（专业）需求会带来职业生涯上的重要成就，但千禧一代更重视工作与生活的平衡，他们大部分人不愿意把工作当作唯一需要优先考虑的事情，即使会得到补偿的承诺。千禧一代想要更多的自由，例如，在有需要的情况下调休工作的机会。他们很大一部分人都非常想要灵活的工作安排，为了灵活时间他们宁愿放弃加薪，或是接受延缓升职。

当一些人谈论问责制的时候，他们总是从惩罚或者奖励的方面去考虑。这种问责是外部问责，意思是内部没有联系，只侧重于行动的外部结果。但是问责制不仅仅意味着年度报告，也不仅是提名本月最佳员工。这里我们想要强调的责任其实是内部问责。这种问责侧重于你自己决定

职场人的靠谱就是要向大家展示，你是可以指望得上的，你会对结果负责，并且，相对于你付出的努力，你更加重视最终结果。

是否要接受它。事实上，你可以把它理解成一种思维状态。

在这种情况下，责任意味着对某一结果有所掌控，并且值得人信任。当你需要对某件事负责的时候，你明白结果在你的掌控之中，因此你会积极地对获得的结果进行监督。这并不意味着你不可以寻求帮助，或者事情永远不会超出你的控制范围。它的意思是，你将成为最了解事情进展的人。当事情由你负责时，你会知道很多内部信息，并能够做出报告。你还会发现，在别人的眼中，你已经渐渐建立起了有价值的员工形象。

工作中的负责并不像准时上交一份高中英语试卷那样简单，它比你父母一遍遍提醒你倒垃圾要复杂得多。职场中的靠谱就是要向大家展示，你是可以指望得上的，你会对结果负责，并且，相对于你付出的努力，你更加重视最终成果。职场中的靠谱还包括你要知道你的工作会影响哪些人，在如何评估进展和成功上保持一致，还有，出现问题时不找借口或者推卸责任。有人认为，内部问责越强大，对外部问责的需求就会越少。换句话说，就是对最终成果负责，而不是坚持某个可能不太必要的程序。当需要你负责的任务到来的时候，你会选择接受它吗，你需要克服哪些困难？这种负责也要依靠你的上司对于公司现实的把握，理解这一点非常重要，因为大多数管理者都容易忽略现实本身，只根据他们对现实的

> 那么千禧一代真的对工作不感兴趣吗？你真的对工作一点儿都不在乎吗？我们不这么认为，但是这么多老板都在阐述相同的失落感一定是有原因的。

看法进行管理。

尝试平衡工作与生活

人们认为你们这代人对工作不够投入。千禧一代很重视工作和娱乐之间的平衡，喜欢把握时间分配。进一步说，这种平衡其实并不是你们唯一追求的事情，因为你们这代人很擅长平衡各种事。你真正想要的是将工作和娱乐融合起来。一些成功的企业已经发现了这一点！一些企业为年轻员工创造了更加多姿多彩的、好玩儿有趣的工作环境，比如桌游，用豆袋椅代替一般的椅子，或者设置专门用来“娱乐放松”的自由空间。千禧一代喜欢在工作中玩儿，也爱在玩儿中工作。不幸的是，大多数办公室并不像雅虎、Facebook和谷歌那样。当你工作的时候，你几乎需要强制地把娱乐的需求放在一边。如果一个管理者感到你宁愿在别的地方工作，或者你用工作的时间做别的事情（甚至是玩儿！），就会引起冲突。

那么千禧一代真的对工作不感兴趣吗？你真的对工作一点儿都不在乎吗？我们不这么认为，但是这么多老板都在阐述相同的失落感，一定是有原因的。请继续读，我们会向你解释，你可以做些什么从人群中脱颖而出。

一个人行为的一致性越高，人们越会信任他在特定的情况下的行为。正如你可以从一些朋友身上看到的，名声既有消极意义，也有积极意义。也就是说，要想一想你希望别人怎么看你。

内部问责与外部问责

所有的成功都需要一些技巧和密钥的帮助。做个靠谱的人也一样，接下来的这些技巧能够帮助你从千禧一代大军中脱颖而出，成为明星员工。但是你要知道，选择负责的结果将影响公司以及你的上司对你的看法。不管有过什么先例，或者其他的员工做了什么，在降低别人对你未来表现的不确定性方面，你的个人声誉都有很长很长的路要走。你的声誉越好，人们对你举动的窥视也就越少，你也会得到更多的信任。这是多么令人振奋的消息呀！我们先谈一谈你应当如何进行内部问责，然后再谈一谈外部问责。

内部问责

要想了解你就要去爱你，因此想一想，你希望给人什么印象。

我们都有一些反复无常的朋友。当然，他们说准备去自驾游或者去音乐会；他们叫你去买票，做好所有的安排，结果在最后一分钟告诉你他不去了，结果剩下一张票和为两个人准备的车。小气鬼朋友是什么样的呢？他们总是意外地把钱落在了家里，又或者他们总是点菜单上最贵的菜（更不用说一些比较贵的烈性酒了），然后在埋单的时候想要跟大家AA制！最后还有一些总爱迟到的朋友。每个人都知道在重要的约会时要给他们预留一定的时间（经常是30~40分钟，对吧？）。我们一个人的行为一致性越高，人们越会信任他在特定的情况下的行为。正如你可以从一些朋友身上看到的，名声既有消极意义，也有积极意义。也就是说，要想一想你希望别人怎么看你。

能力出众 能力是通过不断学习实践获得的。彼得·维尔在他的著作《学习是一种生存之道》中将学习定义为，“一个人对自己做出的改变，能够增加他/她在某一方面了解的事实、原因和方法”。追求正规教育或者经历人生是一回事儿，但是根据结果做出改变又是另一回事儿。能力会产生信心，当你非常自信的时候，你便会很自然地展现出自己最好的一面。

值得信赖 导演兼演员伍迪·艾伦认为，80%的成功都来源于抛头露面。想知道人们对千禧一代最普遍的两个不满是什么吗？第一，他们上班迟到；第二，他们对公司的忠诚度不高。或许这些都是过于以偏概全，但是你完全能够通过带着学习的意愿准时出现来改变这些观念。

承担责任 避免推卸责任和找借口。你听说过墨菲定律吗？它的理念是，如果事情有变坏的可能，它总会发生。不幸的是，工作也不例外。当事情向坏的方向发展的时候（而且有时候真的会这样），要避免指责别人，或者为证明你的行为找各种借口。大多数管理者都明白无心之失确实会发生，任何经验丰富的领导都知道，有些事情的确是你无法控制的。但设想一下，如果你勇于站出来承担分内的责任，会使你显得与众不同。即使有些事情是你的失误，只要你勇于承担，而不试图找借口或者推卸责任，你就可以达到一个新的高度。

我们在谷歌上搜索过下面这个问题："尽职尽责是什么意思？"下面是维基百科的答案："我有一个十几岁的女儿，她希望获得所有的东西，并把别人为她付出的努力视为理所当然，这就是一个典型的不愿意去学习尽职尽责的例子。"哇，你到哪儿都不得安宁！连维基百科都在打击你！真是一记重拳！（抱歉，忍不住。）我们仅用"肩负你自己的重量"这个比喻表示做好你份内的工作，或许在需要的时候要多承担一些。准备好听取办公室或工作地点的人们对于你应该承担多少责任的意见吧！那是因为它既是组织功能，也是社会功能。除非在健身房里，你可以自由选择重量，其他情况下你便很少能够自己设定负重限制了。

为人正直　公认的领导学之父沃伦·本尼斯提出，健全的人由三部分组成：抱负、能力和道德指南针。抱负是一件好事儿，而且每个人都有一定程度的野心（即使你那个没时间放下游戏手柄去洗个澡的室友）。能力是指擅长某事（即使是电子游戏）。道德指南针则是指有是非观念。洗个澡？这是对的。这是错的。本尼斯用了一个三条腿凳子的形象来描述这一观点。在这个三足鼎立的整体中，如果你拥有某一项多于另外两个，这个凳子就会不稳。因此如果你的雄心抱负大于你的能力或者道德标准，你就变成了一个独裁者。如果你的能力范围超出了你的抱负或者道德标准，那么你就像一个倒霉的技术员。本尼斯强调，抱负、能力和道德指南这三点一旦失衡，就会使你感到不安，从而失去别人的信任。

外部问责

下面是一些帮助你管理外部问责的技巧。也许从没有人告诉过你，公司们在保持员工的责任心方面一直很纠结。这里我们指的是两个极端：一是零问责，另一个是完全失灵的命令控制型环境。不幸的是，往往只有在出现错误的时候，这两种问责制才会受到重视。举例来说，员工打卡制度是在工业革命时出现的，这是因为当时的工厂老板都是超负荷工作追随者，打卡钟在当时是工厂老板为了防止劳动法审查的一种手段。今天，打卡钟变得更加复杂化了，更多用来保护公司的利益，而不是用来证明公司遵守了劳动法规。因为大多数外部问责都是为一些例外而设计的，所以不要认为他们是针对个人。当例外问题突然出现时，试着用下面这些技巧来应对：

寻求细节

如果你觉得这一点很熟悉，那么太好了！它意味着尽管有短信和Facebook的更新通知，你还是认真阅读了先前的内容。我们在第四章讨论过寻求细节的技巧，它在这里也用得上。成为一个靠谱的人，第一步就是要了解人们的期望；没有比问问题更好的方法了！提问，提问，提问。使用你超级的提问技巧来让人们记住你。做公司里最爱问问题的人！在任何情况下，了解你将会有多大程度的掌控范围，知道结果有什么影响（或是影响谁），这一点非常重要。而获得答案的唯一方法就是提问。

统一标准

一旦你已经确定你的工作还有谁会参与进来，比如一个团队或者你的老板，那么互相清晰地确定确认良好和糟糕表现的定义非常有帮助。为了帮助你理解，你可以自己或者和别人一起尝试下面的练习：想一想你现在正在负责的任务或者项目。然后记录下你所负责的最重要的五个结果，并写出衡量每个结果成功与否的方法。你可以在笔记本电脑或者智能手机上做记录，但是要保证你经常能够看到。

先人一步

更多地关注结果而不是过程，你可以在大多数事情上先人一步。下面是一些在来不及扭转局面之前就阻止事情向坏的方向发展的小窍门。

经常进行早期检查　经常回顾你已取得的结果，并把它们与你正在努力的方向进行衡量。多与你的上司交流你已经取得的进展，并在必要的时候让其他人也知道这些进展。

寻求帮助　坏消息不像奶酪或红酒，它们放得越久，就越糟糕。当事情脱离了轨道，及时向你的上司或者能够提供帮助的人汇报。你越早升起警告旗帜，就能越早更正需要改正的地方。你可以寻求帮助，掌握寻求帮助的时机和方法，将会使你从人群中脱颖而出，并为你赢得管理人员的信任。

保持客观 这可能很难，但是我们可以承诺，你这么做一定会有价值。你需要区分开个人的表现与其他你不能控制的外在因素。你可以问问阿特拉斯，撑起全世界的重量是多么难的一件事！因此，要留意你所能够控制和不能控制的事情。与你的上司交流这些事，让他们也能够清楚你面临的责任。

本章回顾

· · ·

努力并不一定带来奖励，只有结果才能带来奖励。老员工们认为工作中的千禧一代比较自由散漫，并且对什么事情都漠不关心。不论这是真是假，你都非常有可能在工作中遇到这类困扰。如果你想得到关注，仅仅“努力”是不够的。你必须创造出成果。

随着科技的进步，你会获得前所未有的便利，因此你们是需要更加良好地平衡工作与生活。当任务来的时候，因于你非常想要保护你的时间，管理者们有时会把这种保护看作是你对工作漫不经心或者缺乏投入。本章提到的这一技巧将帮助你克服这一障碍并为你赢得上司们的信任。

要想掌握这种负责任的技巧，你需要做好以下这些小窍门：

- 决定你想要以什么样的特征被别人所了解——你的声誉经常会走在你的前面
- 建立可靠度、责任感，并且做好自己份内的工作
- 询问细节（这一点现在对你来说应该很熟悉了吧！）
- 你和你的上司要在评价标准上保持一致
- 通过提前和经常自查，寻求帮助和保持客观态度让自己时刻处在领先的位置

虽然负责任很重要，但这并不意味着你必须对工作中每件小事都

负责。毕竟，你不是阿特拉斯，这个世界不需要你来肩负一切。要对你能够掌控的和不能把握的事情都非常清楚，并且对你份内的事情负责到底。

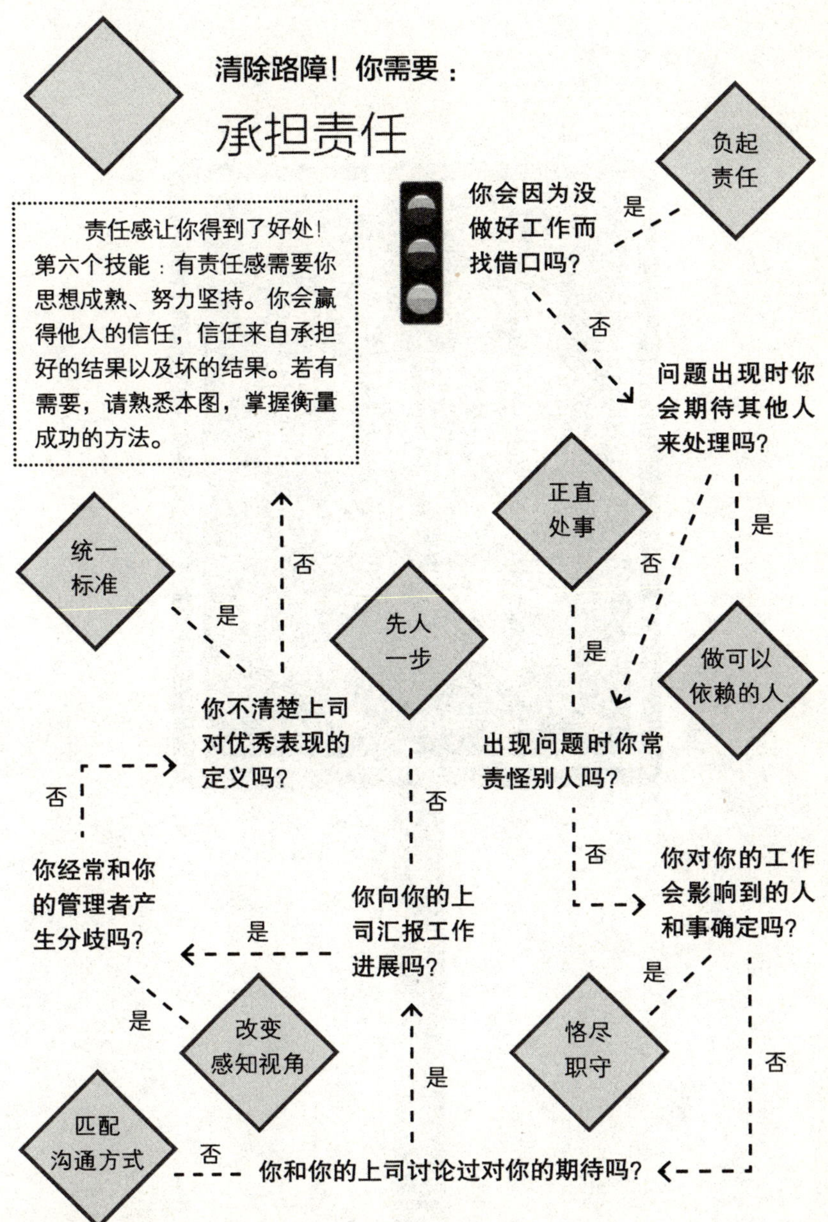
清除路障！你需要：
承担责任
责任感让你得到了好处！第六个技能：有责任感需要你思想成熟、努力坚持。你会赢得他人的信任，信任来自承担好的结果以及坏的结果。若有需要，请熟悉本图，掌握衡量成功的方法。
你会因为没做好工作而找借口吗？
是
负起责任
否
问题出现时你会期待其他人来处理吗？
是
做可以依赖的人
否
正直处事
是
出现问题时你常责怪别人吗？
否
你对你的工作会影响到的人和事确定吗？
是
恪尽职守
否
你和你的上司讨论过对你的期待吗？
是
你向你的上司汇报工作进展吗？
否
先人一步
是
你经常和你的管理者产生分歧吗？
是
改变感知视角
否
你不清楚上司对优秀表现的定义吗？
是
统一标准
否
匹配沟通方式

如果你认为衡量工作成功的唯一标准就是升职，那么你要失望了

MILLENNIALS @WORK

第九章

正视自己——和公司一起站在风口上

进入职场之前，你的成长环境让你期待成功，并且周围的每个人都以实际行动向你保证，你一定会成功！但是一旦开始工作，（我们很讨厌这么说，但是……），原来的一切都不算数了。没人能够保证周五之前你能够成为公司总裁。但仍然有一些你可以做的事，将你的能力、期待与公司的实力和目标结合起来，做出最正确的贡献，并获得最恰当的回报。当你意识到自己的价值所在时，便能够与你的管理者们站在同一条线上，并时刻准备着有所作为。

> 我们在工作中经历了一段经济困难的时期，因此加薪并不是我所期盼的回报。我所期待的是来自我的上司和公司对我个人的投资。对我来说，如果一个管理者能够为我的职业发展投入时间、培训和资源，那就是一种回报。
>
> ——乔伊（千禧一代）

擅作论断最终阻碍个人发挥

“他们一来就立刻开始批评我们正在做的事，这真的要把我逼疯了。”

许多千禧一代员工在进入职场时，都认为他们能够重塑整个体系，而且他们迫切地想要在工作的第一周就开始重建工程。通常情况下，千禧一代不喜欢原来的工作模式，他们认为原来的方法和流程太落伍、太愚蠢，而且他们会大胆地与老员工沟通想法。有一个不算秘密的小技巧能够帮助你，你是不是经常发现你处在这种情况下：除非你被特别指定去做这件事，否则大多数公司是不会让你重建工作体系的，即使你完全有能力去做。

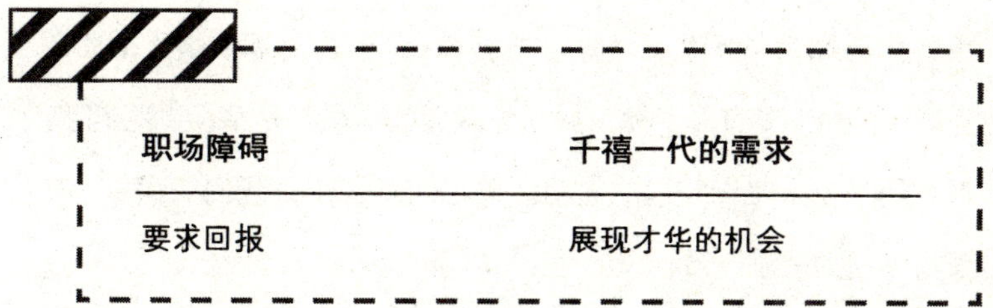

职场障碍	千禧一代的需求
要求回报	展现才华的机会

你们这代人工作中遇到的所有其他路障最终都会指向这最后的一个："如果我不能运用超出常人的千禧一代优势，那么如何去证明我的价值呢？"毕竟，这么做是使你最终成功的途径。你希望公司看到你的巨大潜力，值得投资，但是证明自己的价值有可能很困难。千禧一代面临的挑战其实是，他们的很多好主意，甚至是一些非常棒的点子，并没有考虑到工作中那些得来不易经验和方法（也没有考虑到他们背后的原因）。而且有时候，即使某个主意或者创新非常出色，但是千禧一代的员工呈现它的方式让人感觉他们很傲慢，因此很多管理者并不愿意接受，更糟糕的是，他们完全不愿意去听千禧一代的意见。

证明自己的价值对于任何时代的员工来说都是一种挑战。这件事比较困难，原因之一就是我们往往不知道应该在何时何地为公司注入最大的个人价值。这就像某位能力超群的运动员。你可能觉得自己是一个非能猜到我们听说的有关你们这群同龄人最普遍的抱怨是什么吗？如果你认为是“不恰当的期待与憧憬”，那么你猜对了。

常优秀的技巧球员（跑位、接球、近边锋），但你对球队最大的贡献或许在开球区的位置。有很多美国橄榄球联盟的球员都是从特勤组起步的，最终都获得了令人难以置信的成功。关键问题在于，我们的竞争力和优势必须与公司的需求一致。

个人与公司的期望不对等

我们说过，我们已经研究过了工作中的代沟，这是真的。我们确实做了研究，或许比我们需要做的还要多。我们进行调研，收集数据，进行引导，观察和探究，并且与来自不同行业和组织的领导和管理者进行会谈交流。

当你们的上司讲述与千禧一代共事的经历时，我们的确注意到了一些非常普遍的共性问题，既难以相信，又相对有趣。能猜到我们听说的有关你们这群人最普遍的抱怨是什么吗？如果你认为是“不恰当的期待与憧憬”，那么你猜对了。

管理者告诉我们，千禧一代似乎期待从工作中获得一定的保证，并且想要证明一些很不切实际的想法，比如他们能够多快地进步。就好比一个新开业的商店，老板不能期盼着顾客为其成功运营提供保证，员工也不能奢求他们公司什么情况下都奖励他们，这并不像球队训练，只要展现出自己的才能就好了。根据我们的研究，年轻的员工经常期盼，有时甚至要求比公司政策规定的更快的升职、加薪或者奖金。

通过实际地将你们的期待与公司的期待结合起来，并慢慢学会如何最好地融入你的角色，你将会让自己迈向成功，并成功地将你的名字从一号不满的黑名单上删除。

千禧一代的价值观

站在你们的角度考虑，这种在工作中自我打气的态度并不是完全没有道理的。你拥有很多值得骄傲的地方。这是真话！

千禧一代有着相当成熟的想象力和解决问题的能力，并且有技术能力做支持，还有坚持下去的信心。管理者与千禧一代面临的矛盾就存在于你们要如何去运用这些能力。

在展现你超常大脑机能的需求背后，潜在愿望有可能是需要被认可。产生这种想法是有原因的，和我们到目前为止讨论过的所有观点和价值观一样。我们讨论过你们这代人是怎么在一个强调“你可以做任何事”的环境下，以及“奖杯是属于每个人的”这样的奖励制度下成长起来的。你们是凭借认可成长起来的。比起上几代人，你们在寻找和发现认可的过程中所付出的努力要小得多。所以，如果认可是你渴望的东西，那就请试一试这种疯狂的工作方法吧：首先，用他们的方式去工作，有效率地做；然后，一旦你已经展示出了使用现存的工作流程和方法的能力，与其想着你认为应该立刻获得的职位或者工作，还不如集中精力在你现在的位置上做出一番成绩。这样，不管你现在的岗位是什么，你都会感到更快乐，更有工作成就感，而且你也能够向你的上司们展示你是有能力担当更多的责任的。

就提出你的改进意见。与其因为寻求更多的工作责任而得到负面的评价，还不如通过摸清门道和找到改进的方法来获得正面的认可。

结合个人与公司的优势

你已经下决心要将时间浪费在扼杀这么多好点子上吗?（除非他们真的会听你说！）当你摩拳擦掌，梦想着建立新制度，你会眼睁睁地看着现在的工作系统每天痛苦地呻吟，然后听任自己慢慢变老吗？除非那是你想要的。如果不是，下面有一些方法能够帮助你认识到自己的价值，并且让你对公司产生有意义的贡献。

知道什么地方最适合你

要明白你的工作职位期望从你身上得到什么。（不要忘记我们提过的寻求细节的建议，）想一想你的价值观、技能和能力（为什么不列一张单子呢？），并找找能够向这些期望看齐的方法。然后，看看怎么才能在你现在的工作岗位上有最大的作为。与其想着你认为应该立刻获得的职位或者工作，还不如集中精力在你现在的位置上做出一番成绩。

这样不管你现在的岗位是什么，你都会感到更快乐，更有工作成就感，而且你也能够向你的上司们展示，你是有能力担当更多的责任的。自我价值的认可能够帮助你在管理者们讨论员工和升职的时候为你赢得足够的关注。

与你的期望结合起来

避免对工作中的奖励、加薪和升职产生太多不切实际的设想。将你的个人期望与你工作的现实结合起来，看看你是否能够找到下列问题的答案：

1. 人们升职后都得到了哪些具体的东西？他们工作了多久才得到升职机会的？

2. 如果某人提交了一个在工作中得到实施的方案，会发生什么？他们得到奖励了吗，如果有，是怎么奖励的？

3. 如果有的话，过去人们得到过什么奖励？例如，当他们加班，或在某个项目上付出比期望的多得多的努力？

4. 公司的领导具备怎样的技能和成就？

学会如何处理一些不匹配的事情

就像你上个月网购的瑜伽裤一样，并不是所有的投资都是完全适合你的。你的工作期望和经历也不是例外。有时你会发现，你想要的和你的上司想要的根本是两回事。如果你觉得这种情况听起来很熟悉，那么

> 事实上，当你去思考你们这一代能够为世界上的企业、团体以及组织提供什么的时候，你们有很多可以去给予。你具备的技能是独特的，并与当今的工作方式吻合。

请试着问你自己下面的这些问题。不要忘记根据需要寻找反馈。

- 这是我可以左右的事情吗？我可以改变我的期望吗？
- 我能够改变我周围的环境使其控制在我的期望范围之内吗？
- 我处在正确的位置吗？对我来说这是适当的职位、公司和职业吗，等等？如果不是，我应该去哪里，怎样找到更适合的职位？
- 我具备能够应对当前情况和职位的技能和经验吗？这对我来说到底是不是一个可以成长和发展的机会呢？

要学会扬长避短

你不会单纯地认为，我们写了一本关于你们的书，却一句不提你们有多么厉害吧？事实上，当你去思考你们这一代能够为世界上的企业、团体以及组织提供什么的时候，有很多可以去给予。你具备的技能是独特的，并与当今的工作方式吻合。我们问过参与调查的千禧一代这个问题：“作为一个职场新人，你认为你在工作中具备怎样的优势呢？”很多具体的主题都立刻浮出水面了，并且非常清楚。

做研究的时候，千禧一代会被问到一个问题——什么是他们在工作中遇到的最大挑战。大多数参与者给出了下面两种答案的其中一个：缺乏经验，或者不被重视。

千禧一代的优势

- 精通技术
- 接受过最新的教育/观点
- 精力充沛
- 社交能力
- 可塑性
- 全球化思维模式
- 创新
- 愿意学习
- 忍耐力
- 有目标

你本人还能给这张清单加些什么呢？有趣的是，在千禧一代的工作优势这一方面，管理者们与他们的观点是一致的。参与调查的管理者们表示，当他们需要变更工作计划或者尝试新事物的时候，比起其他年代的人，他们更希望团队中有千禧一代。他们欣赏你们的活力，并且你们是如此的有创造力。对于你们这一代而言，拥抱并接受世界的多样性来得是那么自然。当谈到工作士气和生产力时，这会是一个巨大的加分项。

我们让千禧一代提供一些具体的例子，为了取得进步或者找到工作难题的解决方法，他们是如何在工作中运用这些优势的，下面是他们的说法：

技术精通

我的一些年长的上司不能与技术接轨。虽然我做事情的方式并不都是最传统的，但长远来看它们确实能够为公司赢得效率。为了解决我的上司对技术的迟疑，当工作中遇到一个不同的情况时，我设法让他提前投入整个过程中来。一旦我得到了他的认可，我便可以采用更为先进的方法向他展现前后两种图片。——达斯汀

先进的教育/观点

毕业之后，我在任职的公司里做了一个决定以追求一种完全不同的事业轨迹。为了这么做，我不得不在职位上降低两个等级，然后在一个新的部门任职。虽然立刻就能很明显地看出来我比团队中的其他人要成熟，但是我仍然尽力做好本职工作，并把那些我原本设定需要提升的工作或表现水平放到一边。有时看到周围人都升职了确实会很难过，但是我不得不学会忍耐。我要相信我受的教育是有用的，并且坚信此刻的牺牲到最后一定是值得的。我学会了清楚完整地表达我想要什么以及我想去哪里。但是总而言之，有耐心最终成为了我最大的优势。——劳伦

精力充沛

我自己创业，跟好朋友们一起运营一家非营利性组织。我

们拥有信任、忠诚，并且互相尊重，这有助于我们在充满活力和高节奏的环境下工作。我爱团队合作，并且喜欢分享和开发新点子。我最喜欢的是，我们不需要永远都是正确的，只需要在每一次会议结束后都做出适当的决定。我们靠着这股能量不断发展，并将它传递给每个人。——雷

社交能力强

我之前的一个老板不知道怎么使用微博或者其他的社交平台。当我被雇佣的时候，我就负责公司的这一部分。当我接手公司微博账户时，只有9个粉丝。三个月后，我已经将粉丝数提高了700%。我的老板只把微博当成做广告的工具，而我把它当作我们公司与业界进行社交的渠道。我非常努力地去增加粉丝的数量，并对自己能够在公司的社交方面有所作为感到非常开心。——贝珊妮

灵活可塑性

我开始工作时，没有得到任何具体文字上的任务、工具，也没有任何工作说明之外的目标或者指导。因此，我决定发疯似的工作！我走出了我的小隔间，逮着人就叫他们帮我把事情理清楚，并找到我需要的信息。他们都很喜欢我，几个月之前我刚刚被提拔到了一个销售职位！进入新的一年已经三个月了，我还是不清楚我今年的销售定额，我只是继续坚持尽我所能的努力工作，保持可塑性。——保罗

全球性思维

我曾经在一家大型的国际软件企业上班，这家公司当时很快就准备打入国际市场。它们刚开始用的是一种以一概全的销售模式，完全没有考虑新市场和新客户的文化和风俗习惯。我被派到别的国家开拓新市场，很快我发现那种标准的营销模式是不起作用的。在一组销售人员的协助下，我开始慢慢了解这个地方商业的运作模式，并且回去给公司提出很多有关如何更好地满足国际客户需求的建议。我们提出了一个更加个性化的解决方法，结果难以置信。现在，作为一家公司，我们越来越明白美国之外的生意是怎么做的了。——彼得

创造力

我被安排负责我们部门内的一个特定的职能。我被给予了充分的支持和完全的自由来为它设计一个程序。我首先看了一下过去是怎么做的，然后查看一下哪些地方运行良好，以及哪些部分缺失了。我与通过这个功能得到服务的其他个体进行交流，并开发出了一个新的程序，新程序填补了原有的一些空白，并能够为客户创造出更好的使用体验。——杰西

愿意学习

很多时候，我与老板关注点不同，因为我们的注意力集中在部门和公司的不同方面，但是我很欣赏她的观点同时也能够明白为什么她会这么以为。它能够真实地帮助我成长并使我在

我的位置上做出更好的决策。我喜欢去聆听什么对我老板是重要的，因为这可以帮我看清楚要走哪个方向，以及如何在一个我不赞同的事情上更好地坚定立场。——乔伊

包容心

在我的脑海深处，我总是不得不告诉我自己，“我或许不是真的在乎，但是我总是不得不尽最大努力，设想是我自己的点子摆在眼前。”这种我不在乎的解决问题方式已经帮助我将更多的经历投入到我不感兴趣的事情上。——特丽莎

目标明确

我之前工作的公司一直不能很好地运用技术，日常工作任务变得越来越低效和低能。我晚上和周末都加班为公司的难题寻找解决方案。六个月后，我把一些解决方案展示给运营总监看。一年后，什么事情都没有改变，因此我只好直接去找公司CEO，告诉他我观察到的问题以及想到的解决方法。这对我说是个好消息，但是对于运营总监来说就不一定了。CEO当面问他为什么不采纳我的建议。运营总监不愿意尝试新事物并且拒绝去学习能够使工作流程更有成效的新技术。后来他就被解雇了，两年之后，我升职成为运营总监。——罗斯

本章回顾

▪ ▪ ▪

“如果你认为衡量成功的唯一标准就是升职的话，那么你要失望了。”我们并不是要做一个说丧气话打击你的人，但事实的确如此。在当今职场，成功的途径有很多种定义。当你的需求得到回报、付出得到认可时，管理者们会认为千禧一代是有资格的。

为了克服这个困难，你需要将你的期望与公司的期望实际结合起来，并且学会怎样才能为公司做出最好的贡献并有所作为。

为了培养认识到自身价值的技能，你需要：

- 知道你在组织内部的精确定位，然后尽最大可能做出有影响力的事情
- 为了进步，通过提问将你的个人期望匹配起来，例如，“人们升职后得到了哪些具体的东西？他们用了多久才得到升职机会的？公司内的领导做出过哪些成绩以及他们具备什么技能？”
- 学会当意见不统一出现的时候如何去处理，因为它一定会出现
- 学会发挥你的优势

说到千禧一代工作中的优势，真是多得都要溢出来了。你们这一代因为自身具备的特点而出名，并不断转化为工作优势。这些优势分别是，精通技术、前卫的思想和先进的教育、社交能力、可塑性、全球化思维、创新、愿意学习、忍耐力以及目标性强。

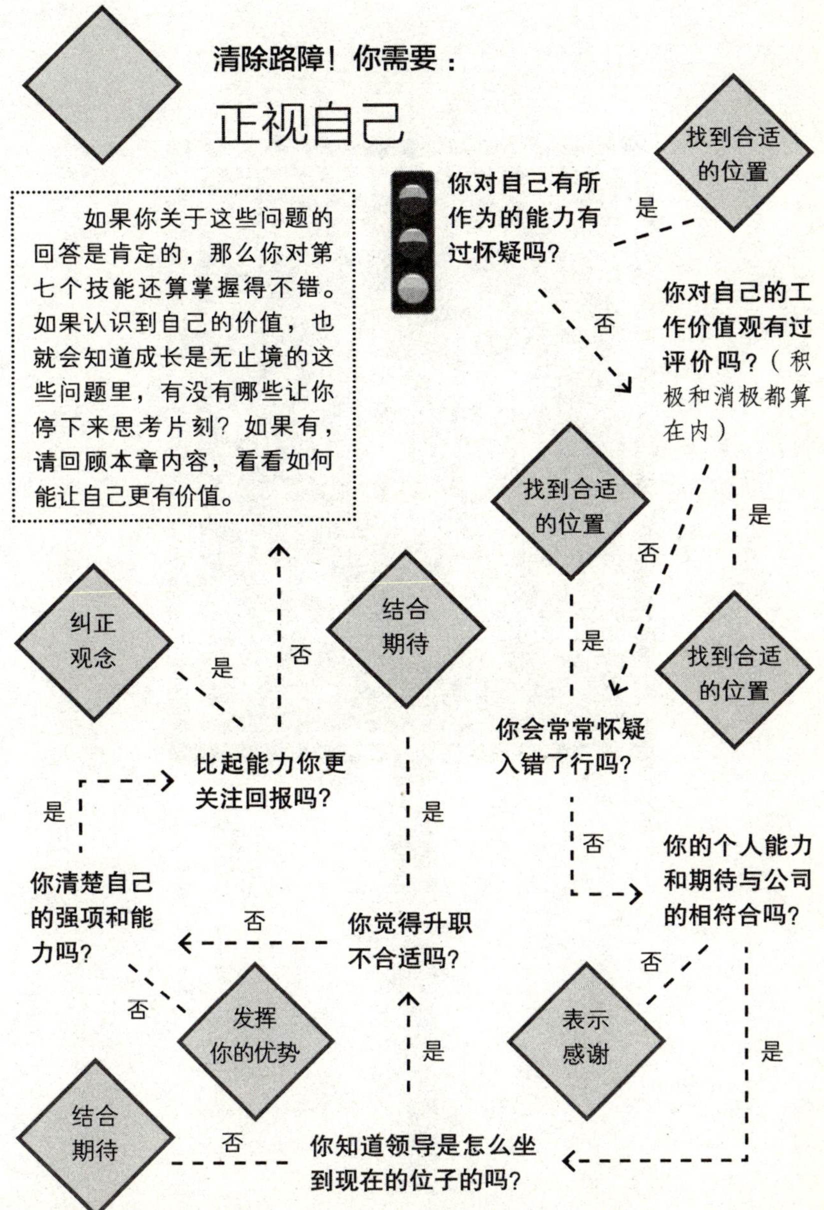
清除路障！你需要：
正视自己
如果你关于这些问题的回答是肯定的，那么你对第七个技能还算掌握得不错。如果认识到自己的价值，也就会知道成长是无止境的这些问题里，有没有哪些让你停下来思考片刻？如果有，请回顾本章内容，看看如何能让自己更有价值。
你对自己有所作为的能力有过怀疑吗？
是
找到合适的位置
否
你对自己的工作价值观有过评价吗？（积极和消极都算在内）
是
找到合适的位置
否
找到合适的位置
是
你会常常怀疑入错了行吗？
否
你的个人能力和期待与公司的相符合吗？
否
表示感谢
是
你知道领导是怎么坐到现在的位子的吗？
否
结合期待
是
你觉得升职不合适吗？
否
你清楚自己的强项和能力吗？
否
发挥你的优势
是
比起能力你更关注回报吗？
是
纠正观念
否
是
结合期待

首先，学会一
些基本规则，
然后你就可以
决定打破它

MILLENNIALS @WORK

第十章

千禧一代的五大职场误区

你们已经像涂了油的战士一样全副武装并准备出发了。现在，你已经掌握了所有的技能，这本书你已经读了100多页，肯定已经变得更优秀了。当然，我们给出了很多警示和需要注意的事项，但是，还没有完全结束。或许这是我们上一代人的习惯，总是喜欢告诉你与众不同会如何，但是接下来的部分却和之前完全不一样。

每一代人都会犯错，千禧一代也一样。许许多多的千禧一代都会偶尔犯错。讽刺的是，有时候，一大批千禧一代会犯完全相同的错误。作为千禧一代人，你正处在犯错的风险之中。管理者们和各个行业的人都这么说，事实证明也确实如此。当有很多公司将他们所见告诉我们时，我们就得注意了。我们希望你们也如此。

频繁变换工作

《福布斯》杂志发表文章，把新一代人们乐于跳槽的趋势称作“新常态”。对于老一辈的人来说，对一份工作的热忱程度绝不亚于对国家和家庭的忠诚。而现在，年轻人从事一项工作的时间十分短暂，是老一辈人无法想象的。根据劳工统计局2012年数据显示，每项工作，人们的平均任期是4.4年。但是当今年轻人的持续时间仅仅是两年多。按照这样

避免成千上万千禧一代犯相同错误的最好办法就是，了解这些错误是什么。找出这些工作中的陷阱，跳出来，学会避开。

的频率计算，人们一生预计可以有几乎20个不同的工作！你会问，这又有什么不好呢？

频繁地更换工作会让你与理想的职业失之交臂。人力资源部负责招聘的职员通常在遴选后剔除那些频繁变换工作的人，而录用有长时间工作经历的求职者。大多数招聘负责人会认为，频繁的跳槽不会让一个人学有所成，因为精通任何一项工作至少要用六个月到一年的时间。在得到加薪的机会之前，你的简历和删掉的工作经历就是你的能力反映。顺便说一句，不关心工作任期的经理只是个传说，他们其实十分在意。

谈及工作时，人们总有这样的想法，其他的工作会更轻松，收入更可观。如果你总是在盯着其他的工作，我们的建议是：如果你对任何工作都不满意，那么就不要再对那份你期望的工作抱有幻想。你需要多花时间提高自身技能，而不是费心思找工作。

选错要求晋升的时机和方式

说起做寿司，当然有正确和错误的两种做法。按照正确的方法做寿司将是一次完美极具成就感的体验。相反，如果方法错误，那结果就不是那么令人欣喜了。并不是说你不应该要求加薪（即使从未听说过老员工要求公司做年度审查）；也不是说你应该满足于现状。我们只是建议在走入经理办公室要求加薪之前，把事情花点时间考虑清楚。因为，在准备寿司的时候，只有做法正确才会带来更愉快的经历。

对于初入职场的人来说，如果只是草率地要求加薪，而没有考虑到公司的加薪和晋升政策，你就会树立起一个典型的职场菜鸟形象，坐实管理者们的成见。职场新人普遍被认为对于升职有着不切实际的期望，总是认为这是自己应得的。那么，就请不要树立这种形象，做一个与众不同的职场新人吧！如果你知道了加薪或升职的规则，就不会有损你千辛万苦获得的声誉。你去国外旅游，就先要了解该国文化，同样，不要凌驾于公司文化和公司成型的行事方法之上，尤其是在涉及钱的问题时！了解公司的各项政策措施，在合理的框架内工作。请牢记一点：你和公司是在进行着价值交换，你为公司工作，公司给你发薪水，就是这样。

如果你认为加薪是有理有据的，那么一定要展示给经理一个强有力的案例。加薪要完全基于你的日常表现而不是你的需要。不要在幻灯片上展示你庞大的月支出来说明你“财政”紧张。一定要举出有关你付出、业绩、表现和价值的事实，来说服你的老板为你加薪。

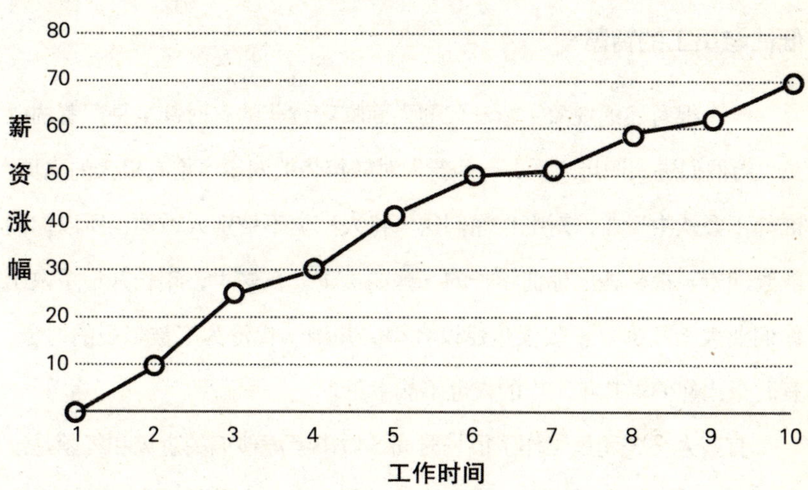

希望老板会料理一切

不必多说，老板们不会时时刻刻给你鼓励的。不要只等着老板的邀请函发到你的手中。你应该主动地向上司显示出你在时刻关心着他们。相信我，你很快就会成为焦点，你可以在几年之后出一本书，写明你是怎么做的，我们都迫不及待想要拜读了。

这种迎合权威的做法对千禧一代来说可能需要一些转换，因为正如我们之前提到的，当你还是孩子的时候，都是周围的成年人在迎合你们。随着慢慢的调整，对老板合理的期望你会发现更容易达到，并且摒弃那些不合理的期望。理想的结果是达到你和老板之间相互给予和收益的关系，双方各取所需，相互依赖。

低估老员工的智慧

一个很有趣的现象：新一代的人面临着过分的有时甚至是严苛的成见，当他们进入职场之后，一些新人对较年长的同事也抱有极大的成见。谁都不会从中受益，对吧！你们这一代人感觉不被别人重视，所以你们就倾向于轻视那些比你们年长的一些的员工。在这里，年长并不是说比你们要大十几岁。不仅仅是建设者和婴儿潮一代沦为了被轻视的对象，有时只比你们早几年工作的人也不能幸免。

有些人在公司里工作了很长时间，做事考虑他们的意见和经验是十分有必要的。他们看多了趋势潮流的反复，工作人员的来去，甚至发型的变换。所有的这些知识都有可能使你将来受益。

如果你太轻易地就轻视工作中的长者，会怎样呢？你会失去见到一些名人的机会，谁不愿意听到带有“想当年”字眼的故事呢？你也会失去只可意会的智慧、经验、技能以及他们独有的洞察力。通常，一个人能成为领导，总是有原因的。努力向他们学习，因为正是他们的知识把他们变为了现在的样子。

总是期待工作的乐趣

假如你被邀请去参加聚会，你非常兴奋。你精心挑选了一身帅气的聚会套装，甚至预约了涂蜡，倒数计日，只等那天的到来。在聚会当天晚上，你敲了敲门，整理一下自己的服饰，准备好狂欢。可是让你错愕的是，给你的不是红酒杯，而是一篮子脏衣服和洗衣粉。并没有什么派对，这只是一个骗局：你是被叫去工作的。好吧，这也许从未发生过，有一次的话也只是在奶奶家。但是如果你期待的是一次聚会，而不是工作的话，你会感到十分失望，是吧？

所以，当你去工作的时候，那里却没有派对，你凭什么会感到失望呢？这样说可能不是很客气，但是在日常大多数工作时间里，我们都是在工作，因为这就是我们的职责。期望工作应该是充满乐趣，这是职场新人常有的错误想法。但是，大多数时间，工作并不是他们所想的那样。当然，总会有时间用来娱乐，但是除非你是个职业小丑，不然你的日常工作绝不是讲笑话活跃现场气氛。

对此我们的建议是，想想你是怎样定义乐趣的。以前的日子无忧无虑，整日闲逛，还有点儿传奇色彩，说实话，我们甚至不知道那是怎样的体验，可是，这样的日子已经结束了。仔细考虑一下，你想从工作中得到什么？成就感？认同感？满足？收入？稳定？还是你仅仅追求乐趣？如果你不能很好地协调你对乐趣的需要和对收入的基本需求，那么可能你最喜欢的工作就是迪士尼乐园的公益岗位，或者是在公园扮演充气玩偶，也可能是某次游行中需要的漂浮的太妃糖。但是如果你能调整一下你对快乐的需求，主动寻求能给你生活带来更大满足感的东西，没错，那就是工作，请把你的大部分工作时间投入工作中吧！

踏上征程：从开始就做好规划

MILLENNIALS @WORK

第十一章

给千禧一代的职场忠告

就像冰淇淋蛋卷、你最爱的电影、美好的假期，当然还有这本书，所有美好的事物注定都会结束。对于我们而言，就是现在了。但是请不要失望！虽然你刚刚读完了这本书，但你已经站在了成功的起点上！我们知道你已经完成了许多美妙而重要的事情，但是我们也知道当你在工作和生活中切身体验并运用这些技巧方法时，你会发现你自己在渐渐向全新的提升阶段成长。当你开始一段新的旅程时，请认真考虑来自我们这代人对你们的最后几点建议。

率先尝试改变自己

我们培训了成千上万的管理人员，教会他们如何更好地与你们相处。我们多次强调，责任最大的人应该是首先开始去适应转变的人。那就是说，如果你想要获得更多的工作机会和责任，你一定要先于你的上司，首先尝试去适应。天上的云里落下闪亮的雨滴，人们都骑着飞翔的大象到处旅行，在这样的一个完美世界里，管理者们能够理解你们这代人的不同。但是幸好到现在为止，你明白了大多数人是做不到的。只要云里落下的还是平常的雨，就首先采取行动去适应，看看什么事情会发生吧。

真心诚意做出改变

管理者们对于千禧一代的看法是真实的，也是你不得不面对的现实。

但是我们希望你们想办法解决的最后一件事就是，通过上演一系列不真实的表演来操纵别人对你的看法。但是我们它并不适合在身高上有限制的绿野仙踪，它当然也不适合你。我们做这个工作基于两种想法：一是你正在被制定工作规则的老一辈们误解；二是这本书中的技能不仅能够帮助你摆脱别人的偏见，同时也能够帮助你克服各种挑战。我们的目的并不是让你去模仿老员工或者在办公室拍马屁。我们希望你会努力去理解其他年龄段的人，与他们经常沟通，并发自内心真诚地去适应。

练习运用职场技能

在我们与各大组织和公司共事的经历中，我们遇到过许多令人难以置信的管理者，我们希望你可以找到一位真正懂你并能够助推你成功的上司。但如果碰巧你没有遇到一个非常完美的职业，也不要放弃。这本书就是为了帮助你发现，为了不断前进，总有一些你可以做的事情。你对未来的掌控力越好，当你情绪低落或失败时越能更容易地采取行动。实践好这七项技能将会帮助你找到你想要的管理者，同时也帮助管理者们找到想要的员工！所以为你自己和你的事业加把火吧。请在你停止工作之前使用这些技巧。

关注尊重前人的智慧

把它当作一种潜移默化；每天身处其中，就会被一些想法、知识和信息同化。运用潜移默化的作用去掌握同事们的经验和技能。当然，如果你愿意的话，你可以用接下来的几十年自己学习，或者你只需要留意老员工们试图教会你的东西，从而为你自己节省30年进行不断试验的时间。你知道哪一种对你最有效。但严格来讲，向老一辈们取经存在巨大的价值。做一个受教的、感兴趣的以及时刻留意的人。通过观察和学习那些比你工作时间长的人所能得到的有用信息将会令你大吃一惊的。

先了解情况再谋求创新

坦率地说，时至今日，我们作为地球上的一个物种取得的所有进步都是由那些看到机会并能够敢于实践人取得的。你和你的同伴正打算以充满希望的神奇方式改变这个世界，也将给工作的地方带来改变。你的道德准则、你的创造力以及努力工作都将产生巨大影响。因此，不要将我们在这本书中提过的任何意见当作警告，而不试着去改变。我们的目的只是告诉你将会面临的各种困难，并帮你摆脱随之而来的失落感。这本书中涵盖的所有技巧都是你用来进步的工具，它们不会阻碍你前进的脚步。

所以，就是这样。这就是我们的建议。将它与其他来自父母、老师、阿姨、叔叔、教练、长辈以及所有与你分享成功秘诀人的建议融为一体。但是，我们的交集并不会在此结束。我们很乐意收到你的来信，与我们分享你遇到的挑战、成功的故事以及你对其他千禧一代的建议。

我们希望你能够成功、幸福，在职场大放异彩。

品牌故事

三十多年前，当Stephen R. Covey和Hyrum Smith还在各自领域开展研究，以帮助个人和组织提高效能时，他们都注意到一个问题——人的因素。专研领导力发展的Stephen发现，志向远大的个人往往违背其所渴望成功所依托的根本性原则，却期望改变环境、结果或合作伙伴，而非改变自我。无独有偶，专研生产力的Hyrum发现，制定重要目标时，人们对实现目标所需的原则、专业知识、流程和工具却所知甚少。

Stephen和Hyrum都意识到，解决问题的根源在于帮助人们改变行为模式。经过多年的测试、研究和经验积累，他们同时还了解到，持续性的行为变革不仅仅需要教育，还需要个人和组织采取全新的思维方式，掌握和实践更好的全新行为模式，直至习惯养成为止。Stephen在其著作《高效能人士的七个习惯》中公布了其研究结果，该书现已成为世界上最具影响力的图书之一。在富兰克林规划系统（Franklin Planning System）的基础上，Hyrum创建了一种基于结果的规划方法，该方法风靡全球，并从根本上改变了个人和组织增加生产力的方式。他们还分别创建了Covey领导力中心和FranklinQuest公司，旨在扩大其全球影响力。1997年，上述两个组织合并，由此诞生了如今的富兰克林柯维（FranklinCovey）（NYSE: FC）。

如今，富兰克林柯维（FranklinCovey）已成为帮助组织提升绩效的全球领导者，而提升绩效需要人类行为的持续性变革，这往往也是组织所面临的最大挑战。一旦变革成功，将成为最持久的竞争优势。对于组织而言，宣布一项战略是一回事，而重塑员工行为和组织文化以成功执行该战略却又是另外一回事。建立在Stephen和Hyrum对领导力和生产力的研究基础上，富兰克林柯维（FranklinCovey）发挥其广博的专业性知识来帮助组织在多个关键领域实现持续性的行为变革，包括：领导力、执行力、个人效能、信任、销售绩效、客户忠诚度和教育。

结果如何？我们的客户成功创建了优秀组织文化，其主要特征表现为：员工高效且善于合作；领导者高效且善于构建信任，具备卓越的执行力，能够为所有利益关系人创造显著提升的绩效。这样的文化最终演化为组织的终极竞争优势。

富兰克林柯维（FranklinCovey）足迹遍布全球150多个国家，拥有超过2,000名员工，共同致力于同一个使命：帮助世界各地的员工和组织成就卓越。本着坚定不移的原则，基于业已验证的实践基础，我们为客户提供知识、工具、方法、培训和思维领导力。富兰克林柯维（FranklinCovey）的客户包括90%的财富100强公司、75%以上的财富500强公司，以及数千家中小型企业和诸多政府机构和教育机构。

我们的终极目标是帮助个人和组织在绩效上实现渐进型量变和变革型质变。我们在此向全球数以千计的客户表达衷心的感谢，谢谢他们给予我们机会帮助其实现伟大目标。

睿仕管理顾问公司（Right Management）的富兰克林柯维事业部（FranklinCovey Division）是富兰克林柯维（FranklinCovey）在中国、香港、台湾和新加坡的独家代理机构，自1996年开始进入中国服务于中国客户，目前在北京、上海、广州设有分公司。

富兰克林柯维（FranklinCovey）的备受赞誉的知识体系和学习经验充分体现在一系列的培训咨询产品中，并且可以根据组织和个人的需求定制。富兰克林柯维事业部在中国大陆、香港、台湾和新加坡拥有经验丰富的顾问和讲师团队，能够将我们的产品内容和服务定制化，以满足您的语言和文化需求。

富兰克林柯维（FranklinCovey）在中国提供的解决方案包括：

I. 领导力：

THE 7 HABITS of Highly Effective People SIGNATURE EDITION 4.0	高效能人士的七个习惯®	**The 7 Habits of Highly Effective People®**
7 HABITS Leader Implementation	领导者实践七个习惯® 辅导您的团队实现高绩效	**The 7 Habits® Leader Implementation** **COACHING YOUR TEAM TO HIGHER PERFORMANCE**
LEADERSHIP	卓越领导力：卓越领导，卓越团队，卓越结果™	**Leadership: Great Leaders, Great Teams, Great Results®**
Building Business Acumen	CEO希望你知道的事：培养商业敏感度™	**What the CEO Wants You to Know: Building Business Acumen™**

II. 执行力：

The 4 Disciplines of Execution	高效执行四纪律™	**The 4 Disciplines of Execution®**

III. 个人效能：

THE 5 CHOICES	激发个人效能的五个选择™	**The 5 Choices to Extraordinary Productivity®**
PROJECT MANAGEMENT ESSENTIALS	项目管理精华™ ——献给非职业项目经理们	**Project Management Essentials for the Unofficial Project Manager™**
Presentation Advantage TOOLS FOR HIGHLY EFFECTIVE COMMUNICATION	高级商务演示技巧™	**Presentation Advantage®**
Writing Advantage TOOLS FOR HIGHLY EFFECTIVE COMMUNICATION	高级商务写作™	**Writing Advantage®**

IV. 信任：

Leading at the SPEED OF TRUST	信任的速度™（经理版）	**Leading at the Speed of Trust®**
Working at the SPEED OF TRUST FOR ASSOCIATES	信任的速度™（员工版）	**Working at the Speed of Trust® — For Associates**

V. 销售绩效：

HELPING CLIENTS SUCCEED	帮助客户成功™	**Helping Clients Succeed®**

详细信息请咨询：

北京
北京市朝阳区建国路118号招商局大厦32层GH单元
邮编：100022
电话：+86 10 6566 1575
传真：+86 10 6566 0725
邮箱：beijing@right.com

上海
上海市淮海中路381号中环广场28楼2825-38室
邮编：200020
电话：+86 21 6391 5888
传真：+86 21 6391 5888
邮箱：shanghai@right.com

广州
广州市天河区花城大道85号高德置地广场一期A座12楼1269室
邮编：510623
电话：+86 20 8558 1860
传真：+86 20 8558 1860
邮箱：guangzhou@right.com

“思想巨匠”“最具前瞻性的管理思想家”

史蒂芬·柯维管理经典大作

《高效能人士的第八个习惯》

书号：9787500660958
定价：48.00元
★ 从效能迈向卓越必读书。

《要事第一》

书号：9787500653400
定价：49.00元
★ 有史以来最畅销的时间管理书籍。

《实践7个习惯》

书号：9787500655404
定价：29.00元
★《高效能人士的七个习惯》实践手册。

《生命中最重要的》

书号：9787500654032
定价：29.00元
★ 将个人和组织的价值发挥到极致的原则。

《高效能人士的领导准则》

书号：9787500652953
定价：33.00元
★ 史蒂芬·柯维“管理学经典三部曲”之一。

《高效能人士的七个习惯》（精华版）

书号：9787500649038
定价：39.00元
★ 精选最核心的“七个习惯”的思想和方法。

《不可预知时代的可预知结果》

书号：9787500691266

定价：25.00元

★ 一套让企业和个人永远立于不败之地的致胜法则。

《柯维的智慧》

书号：9787515316871

定价：39.80元

★ 集结了柯维博士一生的思想精华和教导理念。

《杰出青少年的7个习惯》（精英版）

书号：9787500649083

定价：28.00元

★ 全球最畅销的教育书，入选青少年必读书目。

★ 中小学图书馆推荐书目。

《信任的速度：一个可以改变一切的力量》

书号：9787500682875

定价：29.90元

★ 证明了信任是个可测量的成效加速器。

《伟大的工作，伟大的事业》

书号：9787500695417

定价：25.00元

★ 再造职场新“圣经”，彻底改变你的工作轨迹。

《高效能人士的执行4原则》

书号：9787515313726

定价：39.00元

★ 世界500强企业最为推崇的顶级执行法则。

《杰出青少年的6个决定》（领袖版）

书号：9787500672241

定价：28.00元

★《杰出青少年的7个习惯》姊妹篇。

★ 美国杰出青少年领导力训练计划。

《7个习惯教出优秀学生》

书号：9787500687948

定价：29.00元

★《高效能人士的七个习惯》教师版。